双高职业院校建设

烹饪遇见体育

◎总主编 钟建康 ◎主 编 樊洪基

◎副主编 杜 铭 茅天尧 金国锦 张利娟

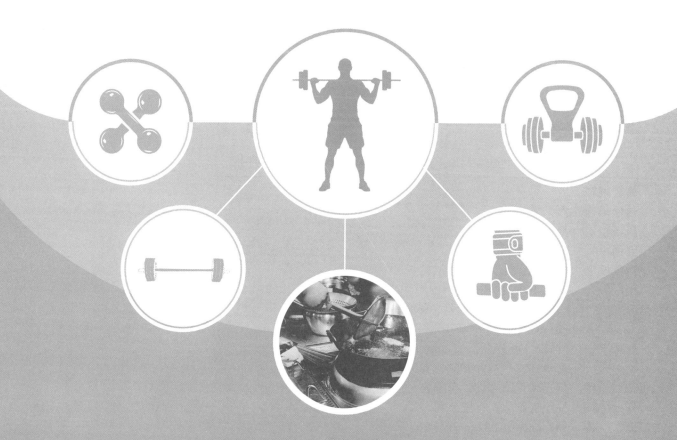

浙江工商大学 出版社
ZHEJIANG GONGSHANG UNIVERSITY PRESS

·杭州·

图书在版编目（CIP）数据

烹饪遇见体育 / 樊洪基主编. — 杭州：浙江工商
大学出版社，2023.11
ISBN 978-7-5178-5758-7

Ⅰ. ①烹… Ⅱ. ①樊… Ⅲ. ①烹饪—技术—中等专业
学校—教材 Ⅳ. ①TS972.113

中国国家版本馆CIP数据核字（2023）第191109号

烹饪遇见体育
PENGREN YUJIAN TIYU

主　　编　樊洪基　副主编　杜　铭　茅天尧　金国锦　张利娟

策划编辑　厉　勇
责任编辑　刘　焕
责任校对　都青青
封面设计　C点冰橘子
责任印制　包建辉
出版发行　浙江工商大学出版社
　　　　　（杭州市教工路198号　邮政编码310012）
　　　　　（E-mail：zjgsupress@163.com）
　　　　　（网址：http://www.zjgsupress.com）
　　　　　电话：0571-88904980，88831806（传真）
排　　版　杭州朝曦图文设计有限公司
印　　刷　杭州宏雅印刷有限公司
开　　本　787 mm × 1092 mm　1/16
印　　张　9.5
字　　数　184千
版 印 次　2023年11月第1版　2023年11月第1次印刷
书　　号　ISBN 978-7-5178-5758-7
定　　价　39.00元

编委会

前言

　　"烹饪遇见体育"课程是为中等职业学校烹饪专业的学生开设的，主要根据烹饪专业的需求构建符合运动训练理论的练习方法，通过制定上肢力量、下肢力量、核心力量等模块的评价标准来评估学生的练习效果。通过本课程的学习，学生能够了解体能训练的基本原理与方法，掌握提升本专业职业体能的训练方法，并且能够根据自身特点制订训练计划，进而提升自身的体能和综合职业能力。为了便于开展"烹饪遇见体育"课程教学，特编写本书——《烹饪遇见体育》，将它作为课程配套教材。

　　本书是以《中等职业学校体育与健康课程标准（2020年版）》为依据，结合烹饪专业的需求编写的，包括起源篇、上肢力量篇、下肢力量篇、核心力量篇和拓展篇。起源篇包括职业体能概论和烹饪职业体能评价。上肢力量篇、下肢力量篇和核心力量篇着重介绍了不同部位肌肉力量的训练方法，依据初级工、中级工和高级工这三个不同等级的工种科学拟定训练任务，并从标准动作要求、易犯错误、训练要求、自测要求及评价标准等方面对每一个训练任务进行详细阐述。拓展篇主要介绍了烹饪职业病防范和烹饪职业保健操的训练方法。

　　本书的创新之处在于将中等职业学校"体育与健康"课程基础模块中的"职业体能"内容结合烹饪专业需求进行了科学重构。书中内容介绍详细具体、图文并茂，突出做中学、学中做的特点，力求最大限度满足学生的个性化需求。

　　本书由绍兴市柯桥区职业教育中心党委书记钟建康担任总主编，绍兴市柯桥区职业教育中心教师樊洪基担任主编，特邀绍兴市柯桥区齐贤中学教师杜铭，国家级烹饪大师、浙菜宗师、绍兴菜非遗传承人茅天尧，以及绍兴市柯桥区职业教育中心教师金国锦、张利娟担任副主编。

　　由于编写组水平有限，本书难免有疏漏，敬请读者批评指正。

编　者

目录

第一章
职业体能概论

　　无论哪一种职业，我们长期从事后都会给骨骼、肌肉、肌腱等带来一定的损伤，为了降低损伤的程度，减缓损伤的速度，我们需要对维持工作特定需求的肌体组织进行训练，以达到增强肌肉力量，使关节更灵活，使肌腱和韧带的伸展性更好等目的，从而使我们更好地适应新时代快节奏的生活与工作需求。不同的专业有不同的体能需求，烹饪专业对体能的要求较高。进行提升职业体能的主要手段是体能训练。厨师在工作中经常需要弯腰、手持重物等，长时间重复这些动作容易引发颈椎、腰椎、手腕等部位的疾病，即职业病，进行体能训练可以有效地增强这些部位的肌肉力量和耐力，预防职业病的发生。进行体能训练有助于厨师提高工作效率，比如可以提高翻炒菜品的速度，缩短烹饪时间，从而提高工作效率。在工作中，厨师经常需要面对各种变化和压力，如客流量大、工作时间长、顾客要求高等，进行体能训练有助于他们提高心理适应能力，从而更好地应对工作中的压力和挑战。

　　根据绍兴市柯桥区职业教育中心近几年的烹饪专业技能测试数据，我们发现，烹饪专业学生的体能基础已经阻碍了其烹饪专业技能的发展，所以提升烹饪专业学生的职业体能已迫在眉睫。

一、体能

根据《体育大辞典》（上海辞书出版社）中对"体能"的表述，体能是体质的重要组成方面，是人体各器官系统的机能在身体活动中表现出来的能力，包括力量、速度、灵敏、耐力和柔韧等基本的身体素质，以及人体的基本活动能力(如走、跑、跳、投掷、攀登、爬越、悬垂和支撑等)。体能的发展程度是衡量体质水平的一个重要指标。身体素质与身体活动能力是一个有机整体，身体素质是身体活动能力的基础和动力，身体活动能力是身体素质的外在表现，其身体活动能力强弱直接反映身体素质的优劣。

体能是中等职业学校"体育与健康"课程基础模块内容之一，它包括一般体能、专项体能与职业体能，占基础模块三分之二的课时。一般人群的体能主要体现在日常生活中，我们称之为一般体能；运动员的体能则主要体现在日常训练和体育竞赛中，我们称之为专项体能。从未来职业需求的角度考虑，中职学生还应该进行针对性训练以发展特定体能，这种体能，我们称之为职业体能。

二、职业体能

王存文编著的《职业体能训练》一书指出，职业体能是人们在从事职业活动中人体适应能力的一个重要组成部分，应具备以下能力：配合遗传的适度器官健康以及应用现代医学知识的能力；足够的协调能力、体力和活力以应对突发事件及日常生活；团体意识和适应团体生活的能力；有充分的知识，在面临问题时有可行的解决办法；参加全面的日常活动应有的态度、价值观和技巧。它的外在表现主要是身体素质和运动能力。

吕玉环等主编的《大学生体育与健康教程》一书在分析前人文献的基础上将体能划分为两大类：与健康有关的体能（基本体能）和与动作（劳动）机能有关的体能（职业体能）。

本书中我们认同《中等职业学校体育与健康课程标准（2020年版）》与"十四五"职业教育国家规划教材《体育与健康》中关于职业体能的相关表述。

（一）概念

职业体能是与职业（劳动）有关的身体素质以及在不良劳动环境条件下的耐受力和适应能力，是经过特定的工作能力分析后所需具备的身体活动能力，包括重复性操作能力、运动能力以及人体对工作环境的忍耐程度等能力。

（二）内容要求

1.掌握并运用与岗位专业相关的力量素质发展体能的基本原理和多种练习方法，如酒店服务等久站专业发展腰腹力量和下肢力量的练习方法，烹饪专业的上肢力量练习方法。

2.掌握并运用与岗位专业相关的柔韧素质发展体能的基本原理和多种练习方法。

3.掌握并运用与岗位专业相关的灵敏素质发展体能的基本原理和多种练习方法。

4.掌握并运用与岗位专业相关的耐力素质发展体能的基本原理和多种练习方法。

5.掌握并运用与岗位专业相关的速度素质发展体能的基本原理和多种练习方法。

三、职业体能训练

提升职业体能的最主要手段就是进行体能训练。职业体能训练是指为了让从业人员更好地从事、胜任工作，提高身体运动能力，结合职业特点并通过合理负荷的动作练习，改善身体形态、提高身体机能、发展运动素质的训练过程。它是一般体能训练和专项体能训练的结合，是根据职业特点进行的多种专项素质训练，是一般训练的强化和提高，是专项体能训练的扩展，是多种专项体能的组合。

体能训练过程是一个不断重复"刺激—反应—适应"的过程，是一个身体结构与机能不断被破坏与重建的循环过程，是人为地、有目的地、有计划地给肌体施加适宜运动负荷刺激，使之产生人们所预期的适应性变化的过程。通过体能训练，能够有效地提高力量水平，提高速度和耐力素质，使所需的柔韧素质得到良好发展，并获得更好的灵敏素质和协调能力，使职业所需的运动素质得到极大提高，为最大限度地胜任工作活动打下坚实的基础。

四、体能训练的原则

人们在长期的运动训练实践中不断探索和认识训练过程中的客观规律，提出了用以指导运动训练实践的一些科学原则。这些科学原则是运动训练过程中客观规律的反映，是运动训练过程中必须遵循的基本要求，主要包括超负荷原则、循序渐进原则、专门性原则、恢复性原则、训练效果的可逆性原则、大小运动量相结合原则。

（一）超负荷原则

超负荷原则是指当人体对某一负荷刺激基本适应后，必须适时、适量地增大负荷使之超过原有负荷，人体的运动能力才能继续增长。例如，为了提高骨骼肌力量，应对肌肉施加超过平常水平的负荷。可通过提高运动强度（如增加重量）来达到超负荷训练的目的。

（二）循序渐进原则

循序渐进原则是超负荷原则的延伸，它是指在进行某项体能训练时应该逐渐增加负荷。

（三）专门性原则

专门性原则是指训练时针对身体的某一部分或某一机能进行反复的练习。例如，经过10周的举重练习后，手臂肌肉力量增强。对某个特殊肌肉群的训练，我们称之为神经肌肉专门化训练；对某个供能系统的训练，我们称之为能量代谢专门化训练。

（四）恢复性原则

人体机能的提高是通过"负荷—疲劳—恢复—提高"这样一个循环往复的过程实现的。超负荷原则要求训练者在活动时增加运动强度和运动量，其身体会感到疲劳。因此，要想达到最佳训练效果，就要在进行下一次训练之前进行适当休息，以使体力恢复。2次训练之间的休息阶段被称为恢复阶段。

（五）训练效果的可逆性原则

训练效果的可逆性是指停止训练后体能水平会下降。尽管2次训练之间的休息时间对达到最佳训练效果至关重要，但如果休息时间过长（几天或几周）则会降低体能水平，所以需要通过有规律的训练来保持体能水平。

（六）大小运动量相结合原则

交叉采用大小训练量不仅能提高训练效果，而且能降低身体受伤的可能性。换言之，交叉采用大小训练量能使我们从一种训练方案中获得"最大收益"。因此我们应该做到：不要连续几天进行高强度训练，高强度训练一周最多进行3次；每周安排1次超强度训练，让身体尽全力活动；了解自己的身体状况，合理安排活动内容。

如果肌肉持续疼痛或疼痛加剧，应立即停止训练。另外，在进行大运动量训练时，应由小到大、逐渐增加运动强度。

第二章
烹饪职业体能评价

　　根据《国家学生体质健康标准（2014年修订）》和烹饪各类工种在职人员技能测评数据统计结果，结合中职学生不同年龄段体能发展特点，我们制定了"烹饪职业体能评价标准"。

　　本标准的学年总分由各单项指标得分与权重乘积之和组成，满分为100分。每个学生每学年评定一次，根据学生学年总分评定等级：90.0分及以上为优秀，80.0～89.9分为良好，60.0～79.9分为及格，59.9分及以下为不及格。

一、单项指标与权重

　　单项指标与权重如表2-1。

表2-1　单项指标与权重

测试对象	单项指标	权重/%
中职学生 （高一、高二、高三）	体重指数（BMI）	15
	肺活量	15
	握力	20
	引体向上（男）	20
	斜身引体（女）	20
	坐位体前屈	10
	立定跳远	10
	台阶试验	10

二、单项指标与评分表

（一）体重指数（BMI）

体重指数（BMI）评分表如表2-2。

表2-2　体重指数（BMI）评分表

单位：公斤/米²

等级	得分	高一年级		高二年级		高三年级	
		男	女	男	女	男	女
正常	100	16.5～23.2	16.5～22.7	16.8～23.7	16.9～23.2	17.3～23.8	17.1～23.3
低体重	80	≤16.4	≤16.4	≤16.7	≤16.8	≤17.2	≤17.0
超重		23.3～26.3	22.8～25.2	23.8～26.5	23.3～25.4	23.9～27.3	23.4～25.7
肥胖	60	≥26.4	≥25.3	≥26.6	≥25.5	≥27.4	≥25.8

注：体重指数（BMI）＝体重（公斤）÷身高²（米²）。

（二）肺活量

肺活量是指人在尽最大努力吸气后，再尽最大努力呼气所能呼出的全部气体量。肺活量可以反映肺的容积和肺的扩张能力，是评价人体呼吸系统机能的一个重要指标。肺活量的大小与年龄、性别、身高、体重、胸围等因素有关。

肺活量测试：目前我们一般采用电子肺活量测试仪测肺活量，使用的是干燥的塑料吹嘴（使用的吹嘴需要进行消毒）。测试时，深吸一口气后，向吹嘴处慢慢呼出至不能再呼出为止。吹气完毕后，最终显示的数字即为肺活量值。测试2次，取最大值，以毫升为单位，舍去小数，查表（如表2-3）评分。

表2-3 肺活量评分表

单位：毫升

等级	得分	高一年级		高二年级		高三年级	
		男	女	男	女	男	女
优秀	100	4540	3150	4740	3250	4940	3350
	95	4420	3100	4620	3200	4820	3300
	90	4300	3050	4500	3150	4700	3250
良好	85	4050	2900	4250	3000	4450	3100
	80	3800	2750	4000	2850	4200	2950
及格	78	3680	2650	3880	2750	4080	2850
	76	3560	2550	3760	2650	3960	2750
	74	3440	2450	3640	2550	3840	2650
	72	3320	2350	3520	2450	3720	2550
	70	3200	2250	3400	2350	3600	2450
	68	3080	2150	3280	2250	3480	2350
	66	2960	2050	3160	2150	3360	2250
	64	2840	1950	3040	2050	3240	2150
	62	2720	1850	2920	1950	3120	2050
	60	2600	1750	2800	1850	3000	1950
不及格	50	2470	1710	2660	1810	2850	1910
	40	2340	1670	2520	1770	2700	1870
	30	2210	1630	2380	1730	2550	1830
	20	2080	1590	2240	1690	2400	1790
	10	1950	1550	2100	1650	2250	1750

（三）握力

握力主要反映前臂和手部肌肉的力量水平。

握力测试：受试者身体直立，两脚开立，与肩同宽，两臂自然下垂，单手持握力器（如图2-1，根据手的大小调整好握距），用最大力气握紧手柄（测试过程中，双手不摇晃、不贴靠身体）；测试2次，记录最大值。

握力与体重的大小有关，一般来说，一个身材魁梧的学生与一个体形瘦小的学生，握力会存在很大的差异。为了公平起见，采用握力体重指数进行评分。握力体重指数反映的是肌肉的相对力量,即每公斤体重的握力。握力体重指数的计算公式:握力体重指数=握力(公斤)÷体重(公斤)×100。根据公式计算出握力体重指数后,舍去小数,查表(如表2-4)评分。

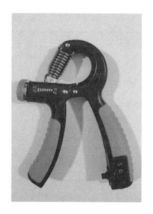

图 2-1

表2-4　握力体重指数评分表

等级	得分	高一年级		高二年级		高三年级	
		男生	女生	男生	女生	男生	女生
优秀	100	93	71	94	71	95	73
	95	92	70	93	70	94	72
	90	91	69	92	69	93	71
良好	85	90	68	91	68	92	70
	80	88	67	90	67	90	68
及格	78	86	65	88	66	88	67
	76	84	63	86	64	87	65
	74	82	62	84	63	85	63
	72	79	60	82	60	82	61
	70	76	58	79	58	80	59
	68	72	55	76	55	76	56
	66	70	52	72	52	73	53
	64	67	51	70	51	71	51
	62	64	48	67	48	67	48
	60	60	46	64	46	64	46
不及格	50	56	43	60	43	60	42
	40	55	40	56	40	55	39
	30	53	39	55	39	54	38
	20	51	38	53	38	52	37
	10	49	36	51	37	50	35

（四）引体向上（男）、斜身引体（女）

引体向上（男）测试：受试者双手正握杠，两手与肩同宽成直臂悬挂，用背阔肌的力量将身体向上拉起，下巴应超过横杆上沿并稍作停顿，然后放松背阔肌让身体下降，直到完全下垂，此为1次完整动作。按上述方法做至力竭，记录总次数。

斜身引体（女）测试：通过调节或选用适宜高度的低单杠，使杠面高度与受试者胸部（乳头）齐平。受试者两手正握杠，间距与肩同宽，两腿前伸，两臂与躯干呈90°。两脚着地并由同伴压住两脚，使身体斜下垂，然后做屈臂引体，使下巴能触到或超过横杠，然后伸臂复原，此为1次完整动作。按上述方法做至力竭，记录总次数。

引体向上（男）、斜身引体（女）评分表如表2-5。

表2-5 引体向上（男）、斜身引体（女）评分表

单位：次

等级	得分	高一年级		高二年级		高三年级	
		男	女	男	女	男	女
优秀	100	16	14	17	15	18	16
	95	15	13	16	14	17	15
	90	14	12	15	13	16	14
良好	85	13	/	14	12	15	13
	80	12	11	13	/	14	12
及格	78	/	/	/	11	/	/
	76	11	10	12	/	13	11
	74	/	/	/	10	/	/
	72	10	9	11	/	12	10
	70	/	/	/	9	/	/
	68	9	8	10	/	11	9
	66	/	/	/	8	/	/
	64	8	7	9	/	10	8
	62	/	/	/	7	/	/
	60	7	6	8	6	9	7
不及格	50	6	5	7	5	8	6
	40	5	4	6	4	7	5
	30	4	3	5	3	6	4
	20	3	2	4	2	5	3
	10	2	1	3	1	4	2

（五）坐位体前屈

坐位体前屈测试的目的是测量在静止状态下躯干、腰、髋等关节可以达到的活动幅度，主要反映这些部位的关节、韧带和肌肉的伸展性和弹性及身体柔韧素质的发展水平。测试仪器为坐位体前屈测试仪。

坐位体前屈测试：受试者坐在平地上，两腿伸直，两脚平蹬测试纵板，两脚分开约10～15厘米，上体前屈，两臂伸直向前，用两手中指尖逐渐向前推动游标，直到不能向前推动为止。测试仪的脚蹬纵板内沿平面为"0"点，游标超过"0"点记录为正值，游标未超过"0"点记录为负值。测试2次，取最大值，以厘米为单位，查表（如表2-6）评分。

表2-6 坐位体前屈评分表

单位：厘米

等级	得分	高一年级		高二年级		高三年级	
		男生	女生	男生	女生	男生	女生
优秀	100	23.6	24.2	24.3	24.8	24.6	25.3
	95	21.5	22.5	22.4	23.1	22.8	23.6
	90	19.4	20.8	20.5	21.4	21	21.9
良好	85	17.2	19.1	18.3	19.7	19.1	20.2
	80	15	17.4	16.1	18	17.2	18.5
及格	78	13.6	16.1	14.7	16.7	15.8	17.2
	76	12.2	14.8	13.3	15.4	14.4	15.9
	74	10.8	13.5	11.9	14.1	13	14.6
	72	9.4	12.2	10.5	12.8	11.6	13.3
	70	8	10.9	9.1	11.5	10.2	12
	68	6.6	9.6	7.7	10.2	8.8	10.7
	66	5.2	8.3	6.3	8.9	7.4	9.4
	64	3.8	7	4.9	7.6	6	8.1
	62	2.4	5.7	3.5	6.3	4.6	6.8
	60	1	4.4	2.1	5	3.2	5.5
不及格	50	0	3.6	1.1	4.2	2.2	4.7
	40	−1	2.8	0.1	3.4	1.2	3.9
	30	−2	2	−0.9	2.6	0.2	3.1
	20	−3	1.2	−1.9	1.8	−0.8	2.3
	10	−4	0.4	−2.9	1	−1.8	1.5

（六）立定跳远

立定跳远是指不用助跑从立定姿势开始的跳远，是集弹跳、爆发力、身体的协调性和技术等方面的身体素质于一体的运动项目。

立定跳远测试：两脚自然分开，站在起跳线后，屈膝、摆臂、蹬地，两脚同时原地起跳，同时落地。测量起跳线后沿至双脚离起跳线最近的着地点后沿之间的垂直距离，以厘米为单位，且只保留整数。测试2次，取最好成绩，查表（如表2-7）评分。

表2-7 立定跳远评分表

单位：厘米

等级	得分	高一年级		高二年级		高三年级	
		男生	女生	男生	女生	男生	女生
优秀	100	260	204	265	205	270	206
	95	255	198	260	199	265	200
	90	250	192	255	193	260	194
良好	85	243	185	248	186	253	187
	80	235	178	240	179	245	180
及格	78	231	175	236	176	241	177
	76	227	172	232	173	237	174
	74	223	169	228	170	233	171
	72	219	166	224	167	229	168
	70	215	163	220	164	225	165
	68	211	160	216	161	221	162
	66	207	157	212	158	217	159
	64	203	154	208	155	213	156
	62	199	151	204	152	209	153
	60	195	148	200	149	205	150
不及格	50	190	143	195	144	200	145
	40	185	138	190	139	195	140
	30	180	133	185	134	190	135
	20	175	128	180	129	185	130
	10	170	123	175	124	180	125

（七）台阶试验

台阶试验是一项定量负荷机能试验，主要用来测定心血管系统的功能。台阶试验的评价指标为台阶试验指数，台阶试验指数值越大，说明受试者心血管系统的机能水平越高。

经常参加有氧代谢运动，可以提高心血管系统的机能水平，其表现为在完成台阶试验定量负荷工作时脉搏搏动次数下降，在试验结束后脉搏的搏动次数恢复到安静状态所用的时间缩短。

台阶试验（台阶高为男子40厘米，女子35厘米）：测试前，受试者可针对下肢关节做一些适度的准备活动。受试者从直立姿势开始，一只脚踏上台阶（如图2-2），身体重心随之前移，另一只脚随即踏上台阶并站立，两条腿并拢，然后先踏上台阶的脚先踏下台阶，另一只脚也随之踏下，还原成直立姿势。受试者按节拍器的节律来做，上、下台阶各1次用时2秒，连续做3分钟。测试完毕后，受试者立刻静坐在椅子上，测量运动结束后1~1.5分钟、2~2.5分钟、3~3.5分钟的脉搏数（共3次），并用下列公式计算台阶试验指数。

台阶试验指数＝登台阶运动持续时间（秒）×100÷［2×（3次测定脉搏数之和）］

如果计算结果包含小数，应首先对小数点后的数字进行四舍五入（取整），然后查表（如表2-8）评分。

图2-2

表2-8　台阶试验指数评分表

等级	得分	高一年级		高二年级		高三年级	
		男	女	男	女	男	女
优秀	100	63	56	65	58	67	60
	95	61	54	63	56	65	58
	90	59	52	61	54	63	56
良好	85	57	50	59	52	61	54
	80	55	48	57	50	59	52
及格	78	54	47	55	48	57	50
	76	53	46	54	47	55	48
	74	52	45	53	46	54	47
	72	51	44	52	45	53	46
	70	50	43	51	44	52	45
	68	49	42	50	43	51	44
	66	48	41	49	42	50	43
	64	47	40	48	41	49	42
	62	46	39	47	40	48	41
	60	45	38	46	39	47	40
不及格	50	44	37	45	38	46	39
	40	43	36	44	37	45	38
	30	42	35	43	36	44	37
	20	41	34	42	35	43	36
	10	40	33	41	34	42	35

第三章 手臂力量

一、教学理念

对厨师而言，刀功与勺功不仅是基础技能，也是核心技能。不管是刀功中的切、剁、砍、片、刮、削、拍等单向动作，还是勺功中的推、拉、转、颠、翻等旋转动作都需要有足够强的上肢力量和足够高的关节灵活性才能精准完成。本章根据烹饪专业体能需求，将体育训练与职业技能相结合，让学生在体育课堂内完成专业课堂内无法进行的上肢力量训练，从而增强烹饪专业学生特需的手臂力量。

二、教学目标及重难点

（一）教学目标

1.认知目标：了解手臂主要肌群的结构，能说出手臂力量训练的科学原理。

2.技能目标：掌握多种手臂力量训练的方法，并能够根据自身力量水平制订训练计划，进行个性化练习。

3.情感目标：培养坚强的意志品质，树立职业理想，厚植爱国情怀。

（二）重点

1.了解手臂主要肌群的发力特点。

2.掌握手臂力量训练的方法。

（三）难点

能够根据自身力量水平制订合理的训练计划。

三、训练任务设计思路

训练任务设计思路，如图3-1。

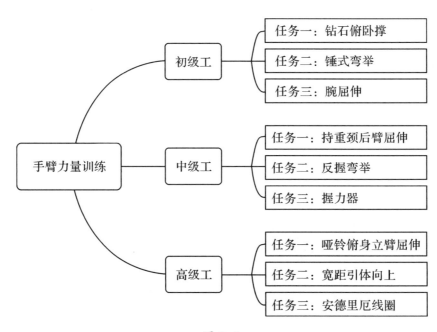

图 3-1

第一节　初级工训练任务

任务 一 钻石俯卧撑

钻石俯卧撑得名于其动作练习中的准备姿势"双臂和胸部围成的形状如同钻石"（如图3-2），主要训练胸大肌和肱三头肌。钻石俯卧撑的手间距非常小，它和宽距俯卧撑的区别在于使用的是不同的肌肉激活策略。钻石俯卧撑超窄的手间距完全限制了三角肌前束的发力，可以更有效地激活胸大肌和肱三头肌，因此钻石俯卧撑是训练肱三头肌整体的最佳动作。

图 3-2

1 标准动作要求

准备姿势：两手撑地，两腿并拢向后伸，两脚尖着地，身体挺直并保持从头到脚在一条直线上，两手手掌尽量靠近，使双臂和胸部围成钻石形。

动作开始时，肘关节弯曲，身体缓慢平直下落（如图3-3，下落过程用时2～3秒），至肩与肘处于同一水平面（此时上臂与前臂的夹角小于90°）、胸部距离地面约2～3厘米，稍作停顿后快速用力撑起，还原至准备姿势，这为1次完整动作。

图3-3

2 易犯错误

（1）在身体下降与撑起过程中不能保持从头到脚在一条直线上。一些初学者在练习时，没有收紧臀部肌肉，容易出现臀部向上突起（如图3-4）或者下沉（如图3-5）等错误动作。

（2）动作过快。很多初学者会认为动作越快越好，动作越快表示力量越大，其实不然，动作快慢要根据肌肉收缩特点与动作运动轨迹来确定。

图3-4   图3-5

3 训练要求

每周练习4次，每次练习2～4组，每组完成钻石俯卧撑6～10次，组间休息4～6分钟。初学者或基础力量较薄弱者可以先进行钻石俯卧撑的半程练习或辅助练习，如跪姿钻石俯卧撑、弹力带助力钻石俯卧撑等，练习组数与每组练习次数参照上述要求。

4 自测要求及评价标准

（1）自测要求

从准备姿势开始，屈肘，使身体下降，然后再将身体平直撑起，还原至准备姿势，计1次。测试过程中，若出现未保持身体从头到脚在一条直线上等错误动作，则不计数。如果身体除手和脚以外的其他部位接触地面，则终止测试。每一次动作都要连贯，若2次连续动作的间隔时间大于10秒，则终止测试。

（2）评价标准

对独立完成钻石俯卧撑标准动作的次数进行评价，错误动作不计数；采用5分制评分，得分越高，表示力量越大，力量耐力越好。钻石俯卧撑单次测试评分表如表3-1。

表3-1　钻石俯卧撑单次测试评分表

单位：次

得分	第1个月		第2个月		第3个月		第4个月	
	男	女	男	女	男	女	男	女
1分	1～2	1	3～5	2	4～6	3	5～7	4
2分	3～5	2	6～8	3	7～9	4	8～10	5
3分	6～8	3～4	9～11	4～5	10～13	5～6	11～14	6～7
4分	9～11	5～6	12～13	6～7	14～16	7～8	15～19	8～9
5分	≥12	≥7	≥14	≥8	≥17	≥9	≥20	≥10

任务 二 锤式弯举

锤式弯举动作有两种练习姿态：站姿和坐姿。锤式弯举是训练前臂肌肉的有效方法，主要训练肱肌与桡肌。

1 标准动作要求

准备姿势：身体直立，双手持哑铃（负重为男子4公斤，女子3公斤），手臂在身体两侧自然下垂，肘部贴住身体，掌心相对，像握住锤子一样。

动作开始时，上臂保持不动，收缩肱二头肌，将哑铃向上弯举，同时呼气，直至肱二头肌收缩至极限，此时哑铃与肩同高（如图3-6），在最高点稍作停顿，感受到肱二头肌收缩，保持这个姿势进行1～2秒的顶峰收缩，然后慢慢还原至准备姿势，同时吸气，此为1次完整动作。锤式弯举还有很多练习方式，如单手交替练习、双手同时练习、站姿练习、坐姿练习等。

图 3-6

2 易犯错误

（1）身体前后摆动借力。
（2）肘关节外展（如图3-7）。

图 3-7

3 训练要求

每周练习4次，每次练习2～3组，每组完成锤式弯举10～15次，组间休息2～3分钟。初学者或基础力量较薄弱者可先进行小重量负重练习，然后逐步增加重量，练习组数与每组练习次数参照上述要求。

4 自测要求及评价标准

（1）自测要求

从准备姿势开始，上臂保持不动，收缩肱二头肌，将哑铃（负重为男子4公斤，女子3公斤）弯举至与肩同高，然后慢慢还原为准备姿势，计1次。测试时，若出现错误动作，则不计数。每一次动作都要连贯，若2次连续动作的间隔时间大于10秒，则终止测试。

（2）评价标准

对独立完成锤式弯举标准动作的次数进行评价，错误动作不计数；采用5分制评分，得分越高，表示力量越大，力量耐力越好。锤式弯举单次测试评分表如表3-2。

表3-2　锤式弯举单次测试评分表

单位：次

得分	第1个月		第2个月		第3个月		第4个月	
	男	女	男	女	男	女	男	女
1分	4～7	3～4	6～8	4～6	7～9	5～7	8～11	6～9
2分	8～10	5～7	9～12	7～9	10～15	8～10	12～19	10～13
3分	11～14	8～10	13～18	10～12	16～21	11～14	20～26	14～17
4分	15～17	11～13	19～21	13～15	22～24	15～17	27～29	18～20
5分	≥18	≥14	≥22	≥16	≥25	≥18	≥30	≥21

任务 三 腕屈伸

腕屈伸主要训练肱二头肌、肱三头肌和腕屈肌等前臂肌群，利用肱二头肌和肱三头肌的训练动作刺激腕屈肌，可以有效增强手臂肌肉力量。

1 标准动作要求

准备姿势：两脚开立，与肩同宽，身体直立，挺胸收腹、立腰，两手各持哑铃（负重为男子3公斤，女子2公斤），两臂自然垂放于体侧，前臂肌肉尽量放松。

动作开始时，两手同时（或交替）做屈腕动作（如图3-8），在腕关节弯曲到最大限度时停顿3～4秒，让前臂肌群达到极力收缩的紧张状态，然后放松还原至准备姿势，这为1次完整动作。

图 3-8

2 易犯错误

（1）在练习过程中容易出现肘关节弯曲现象。肘关节弯曲会影响对前臂肌群的刺激效果。

（2）在做屈腕动作时肩膀上耸。这会削弱对手臂部肌肉的刺激。

3 训练要求

每周练习4次，每次练习2～3组，每组完成腕屈伸10～15次，组间休息2～3分钟。初学者或基础力量较薄弱者可先进行小重量负重练习，然后逐步增加重量。练习过程中，要根据手臂肌肉反应及时调整哑铃的重量，避免手腕受伤。

4 自测要求及评价标准

（1）自测要求

从准备姿势开始，两手各持哑铃（负重为男子3公斤，女子2公斤）做腕屈伸动作，最后还原至准备姿势，计1次。测试过程中，若出现肘关节弯曲等错误动作，则不计数。每一次动作都要连贯，若2次连续动作的间隔时间大于5秒，则终止测试。

（2）评价标准

对独立完成腕屈伸标准动作的次数进行评价，错误动作不计数；采用5分制评分，得分越高，表示力量越大，力量耐力越好。腕屈伸单次测试评分表如表3-3。

表 3-3 腕屈伸单次测试评分表

单位：次

得分	第 1 个月		第 2 个月		第 3 个月		第 4 个月	
	男	女	男	女	男	女	男	女
1 分	4～7	3～4	6～8	4～6	7～9	5～7	8～11	6～9
2 分	8～10	5～7	9～12	7～9	10～15	8～10	12～19	10～13
3 分	11～14	8～10	13～18	10～12	16～21	11～14	20～26	14～17
4 分	15～17	11～13	19～21	13～15	22～24	15～17	27～29	18～20
5 分	≥18	≥14	≥22	≥16	≥25	≥18	≥30	≥21

第二节／中级工训练任务

任务 一 持重颈后臂屈伸 ◦◦

持重颈后臂屈伸是训练肱三头肌的基础动作，可以增加肱三头肌的围度和长度。持重颈后臂屈伸可以进行双侧练习（如图 3-9），也可以进行单侧练习（如图 3-10）。进行单侧练习时，需要左右侧交替练习。

图 3-9 图 3-10

1 标准动作要求

（1）双侧持重颈后臂屈伸

准备姿势：两脚开立，与肩同宽或略宽于肩，双手合握一个哑铃（负重为男子4公斤，女子3公斤，或等重其他重物）高举过头顶后，前臂向后屈肘下垂，上臂贴近双耳，保持上臂垂直于地面，腰部挺直。

动作开始时，逐渐伸展肘关节，前臂向上伸直，直至臂部完全伸直、肱三头肌彻底收缩，伸肘吸气，静止1秒后屈肘呼气，让前臂慢慢下垂，肱三头肌放松，还原至准备姿势，这为1次完整动作。

（2）单侧持重颈后臂屈伸

准备姿势（以右侧为例，如图3-11）：右手持哑铃向上伸直，左手环抱右侧腰间，右上臂紧贴右侧耳朵保持静止状态。

动作开始时，持哑铃的手臂以半圆弧运动轨迹下垂至肩后，下落点越低越好，然后右臂（肱三头肌收缩）持哑铃慢慢向上举起，还原至准备姿势，这为1次完整动作。注意：应左右手交替完成上述动作，且左右手练习次数相同。

图3-11

2　易犯错误

在练习过程中身体晃动。

3　训练要求

每周练习4次，每次练习2～3组，每组完成持重颈后臂屈伸8～12次，组间休息1～3分钟。负重大小根据上臂部力量大小而定，初学者或基础力量较薄弱者可先进行小重量负重练习，然后逐步增加重量，练习组数与每组练习次数参照上述要求。练习过程中，要根据手臂肌肉反应及时调整屈伸幅度，避免造成肌肉和关节损伤。

4　自测要求及评价标准

（1）自测要求

以单侧持重颈后臂屈伸为例，左右手臂都要进行测试，测试结果取较低值。从准备姿势开始，持哑铃屈肘至最低点再上举还原至准备姿势，计1次。每一次动作都要连贯，若2次连续动作的间隔时间大于10秒，则终止测试。

（2）评价标准

对独立完成持重颈后臂屈伸标准动作的次数进行评价，错误动作不计数；采用5分制评分，得分越高，表示力量越大，力量耐力越好。持重颈后臂屈伸单次测试评分表如表3-4。

表3-4 持重颈后臂屈伸单次测试评分表

单位：次

得分	第1个月		第2个月		第3个月		第4个月	
	男 （4公斤）	女 （2公斤）	男 （5公斤）	女 （3公斤）	男 （6公斤）	女 （4公斤）	男 （7公斤）	女 （5公斤）
1分	7～12	5～8	7～12	5～8	7～12	5～8	7～12	5～8
2分	13～17	9～11	13～17	9～11	13～17	9～11	13～17	9～11
3分	18～21	12～15	18～21	12～15	18～21	12～15	18～21	12～15
4分	22～25	16～18	22～25	16～18	22～25	16～18	22～25	16～18
5分	≥26	≥19	≥26	≥19	≥26	≥19	≥26	≥19

任务 二 反握弯举

反握弯举主要训练肱二头肌、肱肌和肱桡肌，进行反握弯举练习，可增大手臂肌肉的围度，使多种肌肉力量协同提升，从而增强上肢综合力量。

1 标准动作要求

准备姿势：两脚开立，与肩同宽，身体直立，双手握住（握距较窄）杠铃（负重为男子12.5公斤，女子7.5公斤），肘部贴在身体两侧，掌心向后。

动作开始时，上臂保持固定不动，前臂弯曲，将杠铃向上举起，同时呼气，将杠铃举到与肩同高时，感受到肱二头肌完全收缩，在最高点适当停顿（此时掌心向前），保持这个姿势（如图3-12）进行1～2秒的顶峰收缩，然后慢慢将杠铃放下，吸气，还原至准备姿势，这为1次完整动作。

图3-12

2 易犯错误

（1）练习过程中出现弯腰动作（如图3-13）。

（2）上臂上抬时没有夹肘（如图3-14）。

（3）出现翻腕动作（如图3-15）。

图3-13

图3-14

图3-15

3 训练要求

每周练习4次，每次练习2～4组，每组完成反握弯举8～12次，组间休息4～6分钟。负重大小根据个人力量大小而定，初学者或基础力量较薄弱者可先进行小重量负重练习，然后逐步增加重量。

4 自测要求及评价标准

（1）自测要求

从准备姿势开始，将杠铃向上拉举至与肩同高，再缓慢放下，还原至准备姿势，计1次。练习过程中，若出现翻腕等错误动作，则不计数。每一次动作要连贯，若2次连续动作的间隔时间大于10秒，则终止测试。

（2）评价标准

对独立完成反握弯举标准动作的次数进行评价，错误动作不计数；采用5分制评分，得分越高，表示力量越大，力量耐力越好。反握弯举单次测试评分表如表3-5。

表3-5　反握弯举单次测试评分表

单位：次

得分	第1个月		第2个月		第3个月		第4个月	
	男 （12.5公斤）	女 （7.5公斤）	男 （15公斤）	女 （10公斤）	男 （17.5公斤）	女 （12.5公斤）	男 （20公斤）	女 （15公斤）
1分	4～6	3～4	4～6	3～4	4～6	3～4	4～6	3～4
2分	7～9	5～6	7～9	5～6	7～9	5～6	7～9	5～6
3分	10～13	7～8	10～13	7～8	10～13	7～8	10～13	7～8
4分	14～17	9～10	14～17	9～10	14～17	9～10	14～17	9～10
5分	≥18	≥11	≥18	≥11	≥18	≥11	≥18	≥11

任务 三 握力器

握力器练习主要训练手腕、手臂部肌肉群，通过刺激前臂屈肌的深层肌肉群增强上肢综合力量，是一种既简单又高效的力量训练方法。单手持握力器练习是最常见的练习方法。

1 标准动作要求

准备姿势：身体直立，两脚开立，与肩同宽，调整好握力器阻力值（男子25公斤，女子15公斤）后，练习手臂打开手掌，大拇指与其余四指各持握力器（如图3-16）左右手柄，两臂自然下垂。

动作开始时，上肢肌肉协同发力，将握力器手柄完全合拢，保持这个姿势进行1～2秒的顶峰收缩，然后缓慢打开手掌，还原至准备姿势，此为1次完整动作。

图3-16

2 易犯错误

练习时手臂未伸直。

3 训练要求

每周练习4次，每次练习3～5组，每组完成握力器练习动作8～15次，组间休息1～3分钟。根据力量大小调整握力器阻力大小，初学者或基础力量较薄弱者可先进行小阻力练习，然后逐步增加阻力。也可选择抓握塑料球、橡胶球等器材辅助训练。

4 自测要求及评价标准

（1）自测要求

从准备姿势开始，上肢肌肉协同发力，尽力将握力器手柄完全合拢，并保持这个姿势进行1～2秒的顶峰收缩，然后缓慢打开手掌，还原至准备姿势，计1次。每一次动作都要连贯，若2次连续动作的间隔时间大于5秒，则终止测试。

（2）评价标准

对独立完成握力器练习标准动作的次数进行评价，握力器阻力值逐月提升，错误动作不计数；采用5分制评分，得分越高，表示力量越大，力量耐力越好。握力器单次测试评分表如表3-6。

表3-6 握力器单次测试评分表

单位：次

得分	第1个月		第2个月		第3个月		第4个月	
	男 （25公斤）	女 （15公斤）	男 （30公斤）	女 （20公斤）	男 （35公斤）	女 （25公斤）	男 （40公斤）	女 （30公斤）
1分	4～6	3～4	4～6	3～4	4～6	3～4	4～6	3～4
2分	7～9	5～6	7～9	5～6	7～9	5～6	7～9	5～6
3分	10～13	7～8	10～13	7～8	10～13	7～8	10～13	7～8
4分	14～17	9～10	14～17	9～10	14～17	9～10	14～17	9～10
5分	≥18	≥11	≥18	≥11	≥18	≥11	≥18	≥11

第三节 / 高级工训练任务

任务 一 哑铃俯身立臂屈伸 ◦◦

哑铃俯身立臂屈伸是一种对肘关节压力较小、损伤较小的练习方法，主要训练肱三头肌。

1 标准动作要求

准备姿势（如图 3-17）：借助椅子，让整个身体呈单腿跪撑状，上半身向前倾斜，一只手持哑铃（负重为男子 4 公斤，女子 3 公斤），另一只手手掌张开、扶凳，持哑铃手臂的上臂贴靠体侧，与身体平行，屈肘约 90°让前臂自然下垂。

动作开始时，身体保持不动，持哑铃的手臂收缩肱三头肌，使前臂向后上方伸展，直到手臂完全伸直（如图 3-18），吸气彻底收缩肱三头肌，保持臂部完全伸直姿势进行 1~2 秒的顶峰收缩，再屈肘使前臂缓慢下垂，呼气，还原至准备姿势，这为 1 次完整动作。

图 3-17

图 3-18

2 易犯错误

（1）练习过程中身体晃动。

（2）腕关节有内旋动作（如图3-19）。

图3-19

3 训练要求

每周练习4次，每次练习4～6组，每组完成哑铃俯身立臂屈伸12～18次，组间休息4～6分钟。初学者或基础力量较薄弱者可以适当降低练习难度，如可以先进行单侧轻重量训练、减少每组练习次数或者增加组间休息时间。练习时非训练手要扶在椅子上，以便支撑腰椎。

4 自测要求及评价标准

（1）自测要求

从准备姿势开始，收缩肱三头肌，前臂向后上方挺伸，直到臂部完全伸直，再还原至准备姿势，计1次。每一次动作都要连贯，若2次连续动作的间隔时间大于10秒，则终止测试。

（2）评价标准

对独立完成哑铃（负重为男子4公斤，女子3公斤）俯身立臂屈伸标准动作的次数进行评价，错误动作不计数；采用5分制评分，得分越高，表示力量越大，力量耐力越好。哑铃俯身立臂屈伸单次测试评分表如表3-7。

表3-7　哑铃俯身立臂屈伸单次测试评分表

单位：次

得分	第1个月		第2个月		第3个月		第4个月	
	男	女	男	女	男	女	男	女
1分	4～7	3～4	6～8	4～6	7～9	5～7	8～11	6～9
2分	8～10	5～7	9～12	7～9	10～15	8～10	12～19	10～13
3分	11～14	8～10	13～18	10～12	16～21	11～14	20～26	14～17
4分	15～17	11～13	19～21	13～15	22～24	15～17	27～29	18～20
5分	≥18	≥14	≥22	≥16	≥25	≥18	≥30	≥21

任务 二 宽距引体向上

宽距引体向上主要训练肱二头肌、前臂屈肌和背部肌群，通过双手握杠距离大于标准引体向上的握杠距离来实现对上述肌群的刺激。

1 标准动作要求

准备姿势（如图3-20）：原地起跳（可借助踏板），双手宽距（握距要明显宽于肩膀）正握单杠，掌心向前，保持身体悬垂而稳定，双脚交叉或者并腿自然下垂。

动作开始时，肱二头肌等肌肉发力，缓慢屈肘，将身体向上拉起，直到下巴超过横杠，肱二头肌充分收缩，至下巴超过横杠（如图3-21），保持1秒钟，然后慢慢伸直手臂，还原至准备姿势，这为1次完整动作。

图3-20

图3-21

2 易犯错误

（1）双手反握杠，掌心朝后。（如图3-22）

（2）练习过程中身体随意摆动，无谓消耗体力，分散手臂力量。（如图3-23）

图3-22　　　　　　　　　　　　　　　　图3-23

3 训练要求

每周练习4次，每次练习3～5组，每组完成宽距引体向上8～12次，组间休息4～6分钟。初学者或基础力量较薄弱者可以先进行弹力带辅助练习或半程引体向上练习，然后逐步增加练习难度。

4 自测要求及评价标准

（1）自测要求

从准备姿势开始，两臂同时发力引体（身体不能有附加动作），上拉到下巴超过横杠，然后将手臂放下还原至准备姿势，计1次。每一次动作都要连贯，若2次连续动作的间隔时间大于10秒，则终止测试。

（2）评价标准

对独立完成宽距引体向上标准动作的次数进行评价，错误动作不计数；采用5分制评分，得分越高，表示力量越大，力量耐力越好。宽距引体向上单次测试评分表如表3-8。

表3-8　宽距引体向上单次测试评分表

单位：次

得分	第1个月		第2个月		第3个月		第4个月	
	男	女 （弹力带辅助）	男	女 （弹力带辅助）	男	女 （弹力带辅助）	男	女 （弹力带辅助）
1分	1～2	1～2	2～3	2～3	3～6	3～6	4～8	4～8
2分	3～4	3～4	4～7	4～7	7～10	7～10	9～13	9～13
3分	5～8	5～8	8～12	8～12	11～16	11～16	14～20	14～20
4分	9～12	9～12	13～16	13～16	17～20	17～20	21～24	21～24
5分	≥13	≥13	≥17	≥17	≥21	≥21	≥25	≥25

任务 三 安德里厄线圈

安德里厄线圈练习主要训练前臂屈伸肌肌群，它不受场地限制，操作方法简单易行，是一种简便的力量训练方法。

1 标准动作要求

准备姿势（如图3-24）：双臂前平举，与肩同高，手心向下握住训练杆（负重为男子1公斤，女子0.5公斤，在训练杆中部固定一根绳子，绳子下端悬挂重物），注意力集中在前臂上。

动作开始时，左手发力屈腕，将训练杆顺时针旋转四分之一圈，同时右手略微打开，以便让训练杆旋转，然后左手静态发力锁住训练杆，右手仍保持半打开状态，以便让训练杆旋转，在训练杆旋转的过程中不断将绳子卷起，直至将重物提至最高点（如图3-25），稍作停顿，然后两手交替反向旋转训练杆，最后慢慢还原至准备姿势，这为1次完整动作。

图3-24

图3-25

2 易犯错误

（1）肘关节外展，影响肌肉发力方向。

（2）手臂未平举（如图3-26）。

图 3-26

3 训练要求

每周练习4次，每次练习4～6组，每组完成安德里厄线圈练习动作6～10次，组间休息4～6分钟。初学者或基础力量较薄弱者可先进行小重量负重练习，然后逐步增加重量。每组练习次数与组间休息时间参照上述要求。

4 自测要求及评价标准

（1）自测要求

从准备姿势开始，两手交替屈腕转动训练杆，不断将绳子卷起，直至将重物提至最高点，然后缓慢还原至准备姿势，计1次。每一次动作都要连贯，若2次连续动作的间隔时间大于10秒，则终止测试。

（2）评价标准

对独立完成安德里厄线圈（负重为男子1公斤，女子0.5公斤）练习标准动作的次数进行评价，错误动作不计数；采用5分制评分，得分越高，表示力量越大，耐力越好。安德里厄线圈单次测试评分表如表3-9。

表3-9　安德里厄线圈单次测试评分表

单位：次

得分	第1个月		第2个月		第3个月		第4个月	
	男	女	男	女	男	女	男	女
1分	2～3	1～2	3～4	2～3	4～5	3～4	6～8	5～6
2分	4～6	3～4	5～7	4～5	6～9	5～6	9～11	7～8
3分	7～8	5～6	8~9	6～7	10～12	7～8	12～14	9～10
4分	9～10	7～8	10～12	8～9	13～15	9～10	15～17	11～12
5分	≥11	≥9	≥13	≥10	≥16	≥11	≥18	≥13

第四章 手腕力量

一、教学理念

一名出色的厨师需要具备良好的身体素质，对于餐厅主厨来说，拥有出色的手腕力量是烹饪出美味佳肴的必备条件。本章通过"体育＋烹饪"跨界融合教学模式实施课堂教学，将手腕力量训练与实物翻锅训练相结合，旨在增强烹饪专业学生特需的手腕力量，改变学生进入实习岗位后"站不直腰、翻不动锅，干一两天就吃不消"的现状。

二、教学目标及重难点

（一）教学目标

1.认知目标：了解手腕肌肉的类型，知道手腕力量训练的方法。

2.技能目标：掌握多种手腕力量训练的方法，并能够根据自身力量水平制订训练计划，进行个性化练习。

3.情感目标：培养坚强的意志品质，树立职业理想，厚植爱国情怀。

（二）重点

1.了解手腕肌肉的发力特点。

2.掌握手腕力量训练的方法。

（三）难点

能够根据自身力量水平制订合理的训练计划。

三、训练任务设计思路

训练任务设计思路，如图4-1。

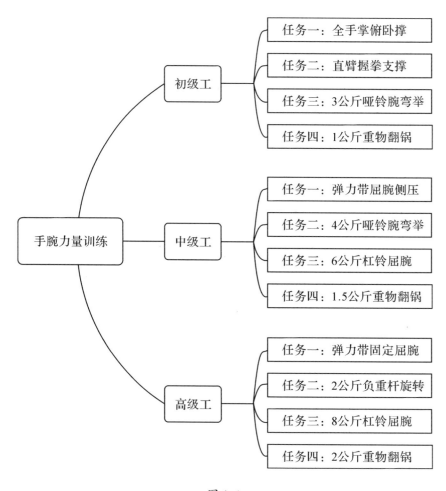

图 4-1

第一节 / 初级工训练任务

任务 一 全手掌俯卧撑

全手掌俯卧撑是指整个手掌撑地进行的俯卧撑地练习。在日常锻炼和体育课上，俯卧撑是一种基础训练方法。全手掌俯卧撑主要训练的是上肢、腰部及腹部的肌肉，这项练习简单易行，不受场地与时间限制，是一种十分有效的训练手段。对处于初级工阶段的学生而言，全手掌俯卧撑可以提升上肢的综合力量，为后续手腕力量训练打下基础。

1 标准动作要求

准备姿势（如图4-2）：全手掌撑地，双脚脚尖着地，身体挺直且保持从头到脚在一条直线上，双臂伸直垂直于地面，两手间距略宽于肩。

动作开始时，肘关节弯曲，身体缓慢平直下落（下落过程用时2～3秒），至肩与肘处于同一水平面（此时上臂与前臂的夹角小于90°）、胸部距离地面约2～3厘米，稍作停顿后快速用力撑起，还原至双臂伸直的准备姿势，这为1次完整动作。

图4-2

2 易犯错误

（1）臀部向上突起（如图4-3）或下沉（如图4-4）。

（2）头部姿势错误：俯卧时抬头、低头、扭头等。

图4-3

图4-4

3 训练要求

每周练习4次，每次练习2～4组，每组完成全手掌俯卧撑15～25次，组间休息30～60秒。初学者或基础力量较薄弱者可以先进行跪姿全手掌俯卧撑练习，待力量提升后，再转为标准动作。每组练习次数可以根据力量水平逐步增加。

4 自测要求及评价标准

（1）自测要求

从准备姿势开始，屈臂使身体平直下落至肩与肘处于同一水平面，然后还原至准备姿势，计1次。测试过程中，如果出现臀部向上突起或下沉等错误动作，则不计数。每一次动作都要连贯，若2次连续动作的间隔时间大于10秒，则终止测试。

（2）评价标准

对独立完成全手掌俯卧撑标准动作的次数进行评价，错误动作不计数；采用5分制评分，得分越高，表示力量越大，力量耐力越好。全手掌俯卧撑单次测试评分表如表4-1。

表4-1　全手掌俯卧撑单次测试评分表

单位：次

得分	第1个月		第2个月		第3个月		第4个月	
	男	女	男	女	男	女	男	女
1分	1～5	1～2	6～10	3～5	8～13	6～8	10～15	9～12
2分	6～10	3～4	11～15	6～8	14～18	9～12	16～22	13～15
3分	11～15	5～6	16～20	9～12	19～25	13～15	23～28	16～20
4分	16～20	7～10	21～25	13～15	26～30	16～20	29～35	21～25
5分	≥21	≥11	≥26	≥16	≥31	≥21	≥36	≥26

任务 二 直臂握拳支撑

直臂握拳支撑是指以拳面为支点进行的支撑练习，主要训练的是手臂及腰腹部肌肉。在练习过程中，保持直臂握拳支撑姿势的时间越长，表示练习强度越大。

1 标准动作要求

准备姿势：握拳，以拳面为支点俯撑，双手与肩同宽，双臂垂直于地面，身体呈俯卧撑姿势，伸直双腿，保持从头到脚在一条直线上，脚趾微微弯曲，大脚趾着力。

动作开始时，收紧腹部肌肉，使得腹部和肚脐处感觉向脊柱拉伸，手臂、躯干和地面围成一个三角形（如图4-5），颈椎放松，记录保持这一姿势的时长。

图4-5

2 易犯错误

（1）双臂未伸直（如图4-6）。

图4-6

（2）臀部突起（如图4-7）或下沉（如图4-8）。

（3）头部姿势错误：俯撑时抬头、低头、扭头等。

图4-7   图4-8

3 训练要求

每周练习4次，每次练习2～4组，组间休息30～60秒。保持直臂握拳支撑姿势的时长可以根据力量水平逐步增加。

4 自测要求及评价标准

（1）自测要求

从准备姿势开始计时，记录保持直臂握拳支撑姿势的时长。如果姿势发生了变化或者身体除手和脚以外的其他部位接触地面，则终止测试。

（2）评价标准

对保持直臂握拳支撑姿势的时长进行评价，错误动作不计时；采用5分制评分，得分越高，表示力量耐力越好。直臂握拳支撑单次测试评分表如表4-2。

表4-2　直臂握拳支撑单次测试评分表

单位：秒

得分	第1个月		第2个月		第3个月		第4个月	
	男	女	男	女	男	女	男	女
1分	31～40	21～30	41～50	31～40	51～60	41～50	61～70	51～60
2分	41～50	31～40	51～60	41～50	61～70	51～60	71～80	61～70
3分	51～60	41～50	61～70	51～60	71～80	61～70	81～90	71～80
4分	61～80	51～60	71～90	61～70	81～100	71～80	91～110	81～90
5分	≥81	≥61	≥91	≥71	≥101	≥81	≥111	≥91

任务 三 3公斤哑铃腕弯举

3公斤哑铃腕弯举是指手腕在负重3公斤条件下完成屈伸动作，以达到增强手腕力量的目的，主要训练的是伸指肌群。

1 标准动作要求

准备姿势（如图4-9）：坐在凳子上，双脚自然分开，前臂放于腿上，收紧腹部肌肉，肩膀后缩下沉，单手握住哑铃，拳心朝上，上臂固定不动。

动作开始时，前臂固定不动，以腕关节为支点，手腕用力向上弯起至极限，稍作停顿，然后缓慢还原至准备姿势，这为1次完整动作。

图4-9

2 易犯错误

（1）弯举时，身体前后摆动借力。

（2）弯举时，上臂未锁紧发力。

3 训练要求

每周练习4次，每次练习2～4组，每组完成3公斤哑铃腕弯举20～30个，组间休息30～60秒。每组练习次数可以根据力量水平逐步增加，初学者或基础力量较薄弱者可以先进行小重量负重练习，再逐渐增加重量。

4 自测要求及评价标准

（1）自测要求

从准备姿势开始，持3公斤哑铃，手腕用力向上弯曲至极限，然后缓慢还原至准备姿势，计1次。测试时，若出现错误动作，则不计数。

（2）评价标准

对独立完成3公斤哑铃腕弯举标准动作的次数进行评价，错误动作不计数；采用5分制评分，得分越高，表示力量越大，力量耐力越好。3公斤哑铃腕弯举单次测试评分表如表4-3。

表4-3 3公斤哑铃腕弯举单次测试评分表

单位：次

得分	第1个月		第2个月		第3个月		第4个月	
	男	女	男	女	男	女	男	女
1分	10～15	5～10	16～20	11～15	21～25	16～20	26～30	21～25
2分	16～20	11～15	21～25	16～20	26～30	21～25	31～35	26～30
3分	21～25	16～20	26～30	21～25	31～35	26～30	36～40	31～35
4分	26～30	21～25	31～35	26～30	36～40	31～35	41～45	36～40
5分	≥31	≥26	≥36	≥31	≥41	≥36	≥46	≥41

任务 四 1公斤重物翻锅

重物翻锅练习一般是指手持装有沙子的锅进行翻锅操作的一种练习方法，主要训练上臂部肌群与手腕肌群。翻锅包括前翻锅、后翻锅和侧翻锅等，是烹饪操作中最基本、最重要的操作之一。翻锅的动作比较复杂，完成一套完整的翻锅动作，需要一定的肌肉力量做基础。

1 标准动作要求

准备姿势（如图4-10）：往锅里放入1公斤沙子，左手握紧锅把（手柄），让锅处于水平位。

动作开始时，以手腕为主发力，握紧锅把将锅向前推出，推出的同时往回拉，往回拉时锅的前半部分上扬（如图4-11），将沙子翻过来，此时手腕顺势缩回，还原至准备姿势。注意：推、拉、扬、缩是翻锅的连贯动作，必须一气呵成，缺一不可。

图4-10　　　　　　　　　　　　　　　图4-11

2 易犯错误

（1）前后推拉动作幅度太大，导致锅内沙子洒出。

（2）推、拉、扬、缩动作不连贯，导致翻锅时锅身严重倾斜（如图4-12）。

图4-12

3 训练要求

每周练习4次，每次练习4组，每组连续完成1公斤重物翻锅标准动作的时长为0.5～2分钟，组间休息30～60秒。每组练习时长可以根据力量水平逐步增加，能力突出的学生可以保持3分钟，甚至更长时间。

4 自测要求及评价标准

（1）自测要求

从准备姿势开始，握紧锅把将锅向前推出，推出的同时往回拉，将沙子翻过来，然后还原至准备姿势，计1次。测试中，如果锅内沙子洒出，则终止测试。

（2）评价标准

对独立连续完成1公斤重物翻锅标准动作的时长进行评价，错误动作不计时；采用5分制评分，得分越高，表示力量越大，力量耐力越好。1公斤重物翻锅单次测试评分表如表4-4。

表4-4　1公斤重物翻锅单次测试评分表

单位：秒

得分	第1个月		第2个月		第3个月		第4个月	
	男	女	男	女	男	女	男	女
1分	21～30	11～20	30～40	21～30	40～50	30～40	50～60	40～50
2分	31～40	21～30	41～50	31～40	51～60	41～50	61～80	51～70
3分	41～50	31～40	51～60	41～50	61～80	51～60	81～100	71～90
4分	51～59	41～49	61～79	51～69	81～99	61～79	101～119	91～109
5分	≥60	≥50	≥80	≥70	≥100	≥80	≥120	≥110

第二节 / 中级工训练任务

任务 一 弹力带屈腕侧压

弹力带屈腕侧压是一种以肘关节为支点进行的阻力练习，主要训练的是前臂肌群。弹力带是一种常见的体育器材，使用安全且不受场地限制。

1 标准动作要求

准备姿势（如图4-13）：坐在凳子上，双腿稍分开，与肩同宽，单手握住弹力带（阻力值为男子16公斤，女子9公斤）[1]一端，左脚踩住弹力带另一端，肘关节固定在大腿处，身体保持静止。

动作开始时，手臂发力，屈腕内旋，侧压至拳心朝下，然后还原至准备姿势，此为1次完整动作。注意：应以腕关节发力为主，上下交替拉动弹力带。

图4-13

---

① 注：括号内标注的弹力带阻力值为最大值，下文同。

2 易犯错误

（1）弹力带过长。

（2）在练习中肘关节未固定在大腿处。

3 训练要求

每周练习5次，每次练习4组，每组完成弹力带屈腕侧压25～30次，组间休息30～60秒。初学者或基础力量较薄弱者可以通过调整弹力带的长度，降低练习难度。

4 自测要求及评价标准

（1）自测要求

从准备姿势开始，屈腕内旋，侧压至拳心朝下，然后还原至准备姿势，计1次。测试中，若出现肘关节未固定在大腿处等错误动作，则不计数。每一次动作都要连贯，若2次连续动作的间隔时间大于5秒，则终止测试。

（2）评价标准

对独立完成弹力带（阻力值为男子16公斤，女子9公斤）屈腕侧压标准动作的次数进行评价，错误动作不计数；采用5分制评分，得分越高，表示力量越大，力量耐力越好。弹力带屈腕侧压单次测试评分表如表4-5。

表4-5　弹力带屈腕侧压单次测试评分表

单位：次

得分	第1个月		第2个月		第3个月		第4个月	
	男	女	男	女	男	女	男	女
1分	10～15	5～10	16～20	10～15	21～25	16～20	26～30	21～25
2分	16～20	11～15	21～25	16～20	26～30	21～25	31～35	26～30
3分	21～25	16～20	26～30	21～25	31～35	26～30	36～40	31～35
4分	26～29	21～24	31～34	26～29	36～39	31～34	41～44	36～39
5分	≥30	≥25	≥35	≥30	≥40	≥35	≥45	≥40

任务 二 4公斤哑铃腕弯举 ⋯⋯⋯⋯⋯⋯⋯⋯⋯⋯⋯⋯⋯⋯⋯

4公斤哑铃腕弯举（如图4-14）的"标准动作要求"与"易犯错误"和本章第一

节"初级工训练任务"中任务三"3公斤哑铃腕弯举"的相同，此处不再介绍。

图4-14

1　训练要求

每周练习4次，每次练习2～4组，每组完成4公斤哑铃腕弯举20～30次，组间休息2～3分钟。初学者或基础力量较薄弱者可以先进行小重量负重练习，再逐渐增加重量。

2　自测要求及评价标准

（1）自测要求

从准备姿势开始，持4公斤哑铃，屈腕至极限，然后还原至准备姿势，计1次。测试中，出现错误动作时，不计数。每一次动作都要连贯，若2次连续动作的间隔时间大于5秒，则终止测试。

（2）评价标准

对独立完成4公斤哑铃腕弯举标准动作的次数进行评价，错误动作不计数；采用5分制评分，得分越高，表示力量越大，力量耐力越好。4公斤哑铃腕弯举单次测试评分表如表4-6。

表4-6　4公斤哑铃腕弯举单次测试评分表

单位：次

得分	第1个月		第2个月		第3个月		第4个月	
	男	女	男	女	男	女	男	女
1分	1～5	1～2	6～10	3～5	8～13	6～8	10～15	9～12
2分	6～10	3～4	11～15	6～8	14～18	9～12	16～22	13～15
3分	11～15	5～6	16～20	11～12	19～25	13～15	23～28	16～20
4分	16～20	7～10	21～25	13～15	26～30	16～20	29～35	21～25
5分	≥21	≥11	≥26	≥16	≥31	≥21	≥36	≥26

任务 三 6公斤杠铃屈腕

6公斤杠铃屈腕是指以手腕为支点，持杠铃屈伸手腕的一种力量训练方法，主要训练手腕和前臂肌肉群。

1 标准动作要求

准备姿势（如图4-15）：双脚自然分开，下蹲，重心下降，双手握住杠铃，然后将前臂放在凳子（或相同高度的硬质垫子）上，双臂平行，握距与肩同宽，收紧腹部肌肉，肩膀后缩下沉，身体保持静止状态。

动作开始时，手腕发力向上抬起（如图4-16），拳心朝内，上臂肌肉紧张、固定不动，前臂在凳子上也保持固定不动，屈腕至最大限度，保持这个姿势进行1～2秒的顶峰收缩，然后缓慢卸力下落还原至准备姿势，此为1次完整动作。

图 4-15   图 4-16

2 易犯错误

（1）持杆铃发力时，发力部位错误。
（2）身体前后摆动借力。

3 训练要求

每周练习5次，每次练习3～5组，每组完成6公斤杠铃屈腕3～8次，组间休息2～4分钟。初学者或基础力量较薄弱者可适当减少每组练习次数或增加组间休息时间。

4 自测要求及评价标准

（1）自测要求
从准备姿势开始，双手握住杠铃，向上屈腕至最大限度，然后缓慢还原至准备姿势，计1次。测试过程中，若出现身体前后摆动等错误动作，则不计数。每一次动作都要连贯，若2次连续动作的间隔时间大于3秒，则终止测试。

（2）评价标准

对独立完成6公斤杠铃屈腕标准动作的次数进行评价，错误动作不计数；采用5分制评分，得分越高，表示力量越大，力量耐力越好。6公斤杠铃屈腕单次测试评分表如表4-7。

表4-7　6公斤杠铃屈腕单次测试评分表

单位：次

得分	第1个月		第2个月		第3个月		第4个月	
	男	女	男	女	男	女	男	女
1分	4～6	3～4	5～7	4～6	7～9	5～7	8～11	6～9
2分	7～9	5～6	8～10	7～8	10～12	8～9	12～14	10～11
3分	10～12	7～8	11～13	9～10	13～15	10～11	15～17	12～13
4分	13～15	9～10	14～17	11～19	16～19	12～14	18～21	14～16
5分	≥16	≥11	≥18	≥20	≥20	≥15	≥22	≥17

任务 四 1.5公斤重物翻锅

1.5公斤重物翻锅的"标准动作要求"与"易犯错误"和本章第一节"初级工训练任务"中任务四"1公斤重物翻锅"的相同，此处不再介绍。

1 训练要求

每周练习4次，每次练习4组，每组连续完成1.5公斤重物翻锅标准动作的时长为0.5～3分钟，组间休息2～4分钟。练习时长根据力量水平逐步增加。

2 自测要求及评价标准

（1）自测要求

从准备姿势开始，握紧锅把将锅向前推出，推出的同时往回拉，将沙子翻过来，然后还原至准备姿势，计1次。测试中，如果锅内沙子洒出，则终止测试。

（2）评价标准

对独立连续完成1.5公斤重物翻锅标准动作的时长进行评价，错误动作不计时；采用5分制评分，得分越高，表示力量越大，力量耐力越好。1.5公斤重物翻锅单次测试评分表如表4-8。

表4-8　1.5公斤重物翻锅单次测试评分表

单位：秒

得分	第1个月		第2个月		第3个月		第4个月	
	男	女	男	女	男	女	男	女
1分	21～30	11～20	30～40	21～30	40～50	30～40	50～60	40～50
2分	31～40	21～30	41～50	31～40	51～60	41～50	61～80	51～70
3分	41～50	31～40	51～60	41～50	61～80	51～60	81～100	71～90
4分	51～59	41～49	61～79	51～69	81～99	61～79	101～119	91～109
5分	≥60	≥50	≥80	≥70	≥100	≥80	≥120	≥110

第三节 / 高级工训练任务

任务 — 弹力带固定屈腕

弹力带固定屈腕是以腕关节为支点，利用弹力带增加负荷的一种对抗阻力的力量训练方法，主要训练前臂肌群。

1 标准动作要求

准备姿势（如图4-17）：左脚踩住弹力带（阻力值为男子16公斤，女子9公斤）一端，左手握住弹力带另一端，向下向内扣腕，前臂呈水平位，上臂贴紧身体。

动作开始时，以腕关节为支点发力，向上屈腕至最大限度，通过上下屈伸手腕拉动弹力带，拳心朝下，练习过程中，上臂与前臂固定不动，手腕屈、伸各一次，这为1次完整动作。

图4-17

2 易犯错误

练习过程中手腕向左右两边摆动。

3 训练要求

每周练习 5 次，每次练习 4 组，每组完成弹力带屈腕侧压 30～35 个，组间休息 30～60 秒。初学者或基础力量较薄弱者可减少每组练习次数或增加组间休息时间。

4 自测要求及评价标准

（1）自测要求

从准备姿势开始，左脚（或右脚）踩住弹力带一端，左手（或右手）握住弹力带另一端，固定前臂和上臂完成手腕屈、伸各 1 次，计 1 次。测试过程中，出现手腕向左右两边摆动等错误动作时，不计数。

（2）评价标准

对独立完成弹力带（阻力值为男子 16 公斤，女子 9 公斤）固定屈腕标准动作的次数进行评价，错误动作不计数；采用 5 分制评分，得分越高，表示力量越大，力量耐力越好。弹力带固定屈腕单次测试评分表如表 4-9。

表4-9 弹力带固定屈腕单次测试评分表

单位：次

得分	第1个月		第2个月		第3个月		第4个月	
	男	女	男	女	男	女	男	女
1分	10～15	5～10	16～20	10～15	21～25	16～20	26～30	21～25
2分	16～20	11～15	21～25	16～20	26～30	21～25	31～35	26～30
3分	21～25	16～20	26～30	21～25	31～35	26～30	36～40	31～35
4分	26～30	21～25	31～35	26～30	36～40	31～35	41～45	36～40
5分	≥31	≥26	≥36	≥31	≥41	≥36	≥46	≥41

任务 二 2公斤负重杆①旋转

旋转负重杆是一种常见的手腕力量训练方法，主要训练前臂肌群和手腕肌群。

1 标准动作要求

准备姿势（如图4-18）：双脚自然开立，身体直立，收紧腹部核心肌肉，双臂前平举，双手正握负重杆，握距与肩同宽。

动作开始时，手腕、手指发力，使负重杆在手中沿顺时针（或逆时针）方向旋转起来，直至力竭。注意：练习过程中，双臂始终保持前平举姿势。

图4-18

2 易犯错误

（1）旋转负重杆时，左右手发力与放松的节奏没有调整好，导致负重杆滑落。

（2）练习过程中，双臂不能保持前平举姿势，影响练习效果。（如图4-19）

图4-19

---

① 注：2公斤负重杆是指重量为2公斤，长度超过双臂前平举时两手间距的棍棒。

3 训练要求

每周练习6次，每次练习4组（第1、3组练习中负重杆旋转的方向为顺时针，第2、4组练习中旋转的方向为逆时针），每组连续完成2公斤负重杆旋转的时长为1～1.5分钟，组间休息5～8分钟。初学者或基础力量较薄弱者可以适当减少每组练习时长或增加组间休息时间，还可以适当减轻负重杆的重量，待手腕部力量增强后，再逐步增加重量。

4 自测要求及评价标准

（1）自测要求

从准备姿势开始计时，持续沿同一方向（顺时针或逆时针）旋转负重杆，至无力使负重杆旋转时，停止计时。测试过程中，若负重杆滑落，则终止测试。

（2）评价标准

对独立完成2公斤负重杆旋转标准动作的时长进行评价，错误动作不计时；采用5分制评分，得分越高，表示力量越大，力量耐力越好。2公斤负重杆旋转单次测试评分表如表4-10。

表4-10　2公斤负重杆旋转单次测试评分表

单位：秒

得分	第1个月		第2个月		第3个月		第4个月	
	男	女	男	女	男	女	男	女
1分	21～30	11～20	31～40	21～30	41～50	31～40	51～60	41～50
2分	31～40	21～30	41～50	31～40	51～60	41～50	61～80	51～70
3分	41～50	31～40	51～60	41～50	61～80	51～60	81～100	71～90
4分	51～59	41～49	61～79	51～69	81～99	61～79	101～119	91～109
5分	≥60	≥50	≥80	≥70	≥100	≥80	≥120	≥110

任务 三 8公斤杠铃屈腕

8公斤杠铃屈腕的"标准动作要求"与"易犯错误"和本章第二节"中级工训练任务"中任务三"6公斤杠铃屈腕"的相同，此处不再介绍。

1 训练要求

每周练习5次，每次练习3～5组，每组完成8公斤杠铃屈腕5～20次，组间休息4～6分钟。初学者或基础力量较薄弱者可适当减少每组练习次数或增加组间休息时间。

2 自测要求及评价标准

（1）自测要求

从准备姿势开始，持8公斤杠铃，用力屈腕至最大限度，然后还原至准备姿势，计1次。测试时，如果出现身体前后摆动等错误动作，则终止测试。

（2）评价标准

对独立完成8公斤杠铃屈腕标准动作的次数进行评价，错误动作不计数；采用5分制评分，得分越高，表示力量越大，力量耐力越好。8公斤杠铃屈腕单次测试评分表如表4-11。

表4-11　8公斤杠铃屈腕单次测试评分表

单位：次

得分	第1个月		第2个月		第3个月		第4个月	
	男	女	男	女	男	女	男	女
1分	4～7	3～4	6～8	4～6	7～9	5～7	8～11	6～9
2分	8～10	5～7	9～12	7～9	10～15	8～10	12～19	10～13
3分	11～14	8～10	13～18	10～12	16～21	11～14	20～26	14～17
4分	15～17	11～13	19～21	13～15	22～24	15～17	27～29	18～20
5分	≥18	≥14	≥22	≥16	≥25	≥18	≥30	≥21

任务 四 2公斤重物翻锅

2公斤重物翻锅的"标准动作要求"与"易犯错误"和本章第一节"初级工训练任务"中任务四"1公斤重物翻锅"的相同，此处不再介绍。

1 训练要求

每周练习4次，每次练习4组2公斤重物翻锅，每组练习时长为0.5～3分钟，组间休息3～5分钟。练习时长根据力量水平逐步增加。

2 自测要求及评价标准

（1）自测要求

从准备姿势开始，握紧锅把将锅向前推出，推出的同时往回拉，将沙子翻过来，然后还原至准备姿势，计1次。测试中，如果锅内沙子洒出，则终止测试。

（2）评价标准

对独立持续完成2公斤重物翻锅标准动作的时长进行评价，错误动作不计数；采用5分制评分，得分越高，表示力量越大，力量耐力越好。2公斤重物翻锅单次测试评分表如表4-12。

表4-12　2公斤重物翻锅单次测试评分表

单位：秒

得分	第1个月		第2个月		第3个月		第4个月	
	男	女	男	女	男	女	男	女
1分	21～30	11～20	30～40	21～30	40～50	30～40	50～60	40～50
2分	31～40	21～30	41～50	31～40	51～60	41～50	61～80	51～70
3分	41～50	31～40	51～60	41～50	61～80	51～60	81～100	71～90
4分	51～59	41～49	61～79	51～69	81～99	61～79	101～119	91～109
5分	≥60	≥50	≥80	≥70	≥100	≥80	≥120	≥110

第五章
手指力量

一、教学理念

在烹饪专业课中，颠锅、翻勺、调味和食材处理是菜品制作过程中常见的技术动作，这些技术动作都是依靠手指的握、搂、抓、扣等一系列动作来完成的，由于高度、角度有差异，所运用的手指力量强度也有所不同，因此每一位烹饪专业的学生都有必要掌握手指力量训练的方法。从生理学的角度来看，手指上附着的肌肉不多，都是小肌肉群，具有数量多、难练习和易疲劳的特点。由于手指力量是上肢力量中最基础的部分，肌肉群小且不易测试，所以本章不再根据职业能力等级进行节次划分，而是根据烹饪操作的实际情况来设计手指力量训练任务，以期提高学生手指的绝对力量与力量耐力，增强手指的控制力与灵活性。

二、教学目标及重难点

（一）教学目标

1.认知目标：了解手指肌肉的分布，知道手指力量训练的方法。

2.技能目标：掌握多种手指力量训练的方法，并能够根据自身力量水平制订训练计划，进行个性化练习。

3.情感目标：培养坚强的意志品质，树立职业理想，厚植爱国情怀。

（二）重点

1.了解手指肌肉的发力特点。
2.掌握手指力量训练的方法。

（三）难点

能够根据自身力量水平制订合理的训练计划。

三、训练任务设计思路

训练任务设计思路，如图5-1。

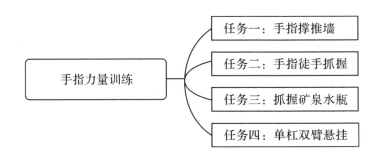

图5-1

任务 一 手指撑推墙 ◦◦

手指撑推墙是指依靠手指的支撑发力，然后将身体推离墙面的一种力量训练方法。它是徒手俯卧撑的初级动作，主要训练屈指肌和拇伸肌等手指相关肌群，可以有效增强手指的绝对力量、力量耐力及爆发力。手指撑推墙是体能训练中常见的手指力量训练手段之一，简单、易行且非常有效。

1 标准动作要求

准备姿势（如图5-2）：离墙一臂距离，双臂前平举，手指充分张开，支撑于墙面，两手间距略宽于肩，身体直立且从头到脚保持在一条直线上。

动作开始时，双臂渐屈，面向墙面做"俯撑"动作，身体慢慢靠近墙面，至上臂与前臂的夹角小于90°（如图5-3），停顿2～3秒，两手臂和手指迅速发力，将身体推离墙面，直至手指离开墙面（如图5-4），然后还原至准备姿势，此为1次完整动作。注意：在手指推墙的过程中，肘关节内收，肩肘保持稳定。

图5-2

图5-3

图5-4

2 易犯错误

（1）站位离墙面过近，导致手臂发力不完全。

（2）未用手指支撑，对指尖相关肌肉刺激不够。

3 训练要求

每周练习5次，每次练习2～4组，每组完成手指撑推墙20～30次，组间休息1～2分钟。初学者或基础力量较薄弱者可以适当减少每组练习次数或者增加组间休息时间。力量水平较高者，可以尝试手指撑推地面练习。

4 自测要求及评价标准

（1）自测要求

从准备姿势开始，完成"撑墙推离"动作，然后还原至准备姿势，计1次。测试过程中，若出现未用手指支撑等错误动作，则不计数。每一次动作都要连贯，若2次连续动作的间隔时间大于5秒，则终止测试。

（2）评价标准

对独立完成手指撑推墙标准动作的次数进行评价，错误动作不计数；采用5分制评分，得分越高，表示力量越大，力量耐力越好。手指撑推墙单次测试评分表如表3-1。

表5-1　手指撑推墙单次测试评分表

单位：次

得分	第1个月		第2个月		第3个月		第4个月	
	男	女	男	女	男	女	男	女
1分	10～15	5～10	16～20	10～15	21～25	16～20	26～30	21～25
2分	16～20	11～15	21～25	16～20	26～30	21～25	31～35	26～30
3分	21～25	16～20	26～30	21～25	31～35	26～30	36～40	31～35
4分	26～29	21～24	31～34	26～29	36～39	31～34	41～44	36～39
5分	≥30	≥25	≥35	≥30	≥40	≥35	≥45	≥40

任务 二 手指徒手抓握

手指徒手抓握是一种以手指的屈和伸为基本动作的手指力量训练方法。手指徒手抓握可以训练手指、手掌肌肉群，以及部分前臂肌肉群，还可提升掌外肌、屈指长肌和掌内肌的控制能力，是增强手指力量的有效方法。

1 标准动作要求

准备姿势（如图5-5）：身体自然站立，一侧手臂自然垂放于体侧，另一侧手臂握拳前平举，保持前平举手臂肌肉紧张收缩、固定不动。

动作开始时，五指用力张开、掌心朝内，大拇指朝上（如图5-6），力量传输到指尖，稍作停顿，然后用力握拳，大拇指屈于食指和中指外侧，握拳停顿1～2秒后进行下一次张开和握紧的动作。手指各伸、屈1次为1次完整动作。注意：练习过程中，肘关节要伸直，呼吸要均匀。

图5-5   图5-6

2 易犯错误

（1）握拳时，将大拇指藏于四指内（如图5-7）。

（2）五指没有最大限度伸展（如图5-8）。

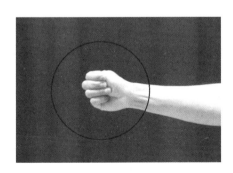 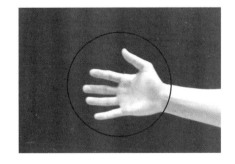

图5-7   图5-8

3 训练要求

每周练习5次，每次练习2～4组，每组完成手指徒手抓握25～30次，组间休息1～2分钟。初学者或基础力量较薄弱者可以根据个人情况适当减少每组练习次数。

4 自测要求及评价标准

（1）自测要求

从准备姿势开始，手指全力伸展，用力到指尖，再以最大力量握紧，然后还原至准备姿势，计1次。测试过程中，若出现将大拇指藏于四指内等错误动作，则不计数。每一次动作都要连贯，若2次连续动作的间隔时间大于3秒，则终止测试。

（2）评价标准

对独立完成手指徒手抓握标准动作的次数进行评价，错误动作不计数；采用5分制评分，得分越高，表示力量越大，力量耐力越好。手指徒手抓握单次测试评分表如表5-2。

表5-2　手指徒手抓握单次测试评分表

单位：次

得分	第1个月		第2个月		第3个月		第4个月	
	男	女	男	女	男	女	男	女
1分	21~30	11~20	30~40	21~30	40~50	30~40	50~60	40~50
2分	31~40	21~30	41~50	31~40	51~60	41~50	61~80	51~70
3分	41~50	31~40	51~60	41~50	61~80	51~60	81~100	71~90
4分	51~59	41~49	61~79	51~69	81~99	61~79	101~120	91~109
5分	≥60	≥50	≥80	≥70	≥100	≥80	≥121	≥110

任务 三 抓握矿泉水瓶

抓握矿泉水瓶是指用矿泉水瓶（或者相似物体）作为辅助工具，进行抓握练习，主要训练的是手指肌肉。

1 标准动作要求

准备姿势（如图5-9）：身体自然放松，持矿泉水瓶的手臂完全伸展，四指并拢、微屈，握于瓶身一侧，大拇指附于瓶身另一侧，手背朝上，掌心空出。

动作开始时，五指同时发力从各处朝内挤压瓶身至最大限度，保持这个姿势（如图5-10）进行2~3秒的顶峰收缩，然后放松还原至准备姿势，此为1次完整动作。注意：瓶盖要拧紧，尽量抓握瓶子的中间部分。

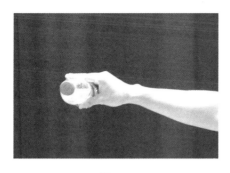

图 5-9　　　　　　　　　　　　　　图 5-10

2 易犯错误

（1）握住瓶身时，掌心与瓶身完全贴合，没有空出。（如图5-11）
（2）手臂没有完全伸展。

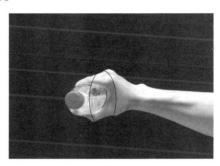

图 5-11

3 训练要求

每周练习5次，每次练习2～4组，每组完成抓握矿泉水瓶20～30次，挤压瓶身时要缓慢发力，直至尽最大力来挤压瓶身，组间休息30～60秒。初学者或基础力量较薄弱者在练习过程中可适当增加每组练习次数或增加组间休息时间。

4 自测要求及评价标准

（1）自测要求

从准备姿势开始，五指同时发力挤压瓶身至最大限度，然后放松还原至准备姿势，计1次。测试过程中，若出现错误动作，则不计数。每一次动作都要连贯，若2次连续动作的间隔时间大于3秒，则终止测试。

（2）评价标准

对独立完成抓握矿泉水瓶标准动作的次数进行评价，错误动作不计数；采用5分制评分，得分越高，表示力量越大，力量耐力越好。抓握矿泉水瓶单次测试评分表如表5-3。

表5-3　抓握矿泉水瓶单次测试评分表

单位：次

得分	第1个月		第2个月		第3个月		第4个月	
	男	女	男	女	男	女	男	女
1分	21～30	11～20	31～40	21～30	41～50	31～40	51～60	41～50
2分	31～40	21～30	41～50	31～40	51～60	41～50	61～70	51～60
3分	41～50	31～40	51～60	41～50	61～70	51～60	71～80	61～70
4分	51～59	41～49	61～69	51～59	71～79	61～69	81～89	71～79
5分	≥60	≥50	≥70	≥60	≥80	≥70	≥90	≥80

任务 四 单杠双臂悬挂

单杠双臂悬挂可以有效增强前臂力量并伸展脊柱，旨在增强手指的静力性力量。悬挂练习不仅可以改善长时间保持某一姿势所导致的脊椎病理性弯曲，还可以放松腰背和下肢，悬挂持续时间长短可以反映手指和手臂力量的强弱。单杠双臂悬挂是手指力量训练的有效方法。

1 标准动作要求

准备姿势：双手正握，抓紧单杠，握距略宽于肩，身体放松、悬垂，直臂，双脚离地悬空。

动作开始时，手指抓握发力，调整呼吸，身体不要晃动，肩膀下沉，肘关节伸直，保持身体处于悬挂状态（如图5-12），尽量保持较长时间。注意：身体不可前后摇晃，不要耸肩，手指要持续发力，下落时要屈膝缓冲。

2 易犯错误

（1）正握姿势错误，大拇指没有扣住单杠。（如图5-13）
（2）练习过程中身体左右摆动或者前后晃动。

图 5-12   图 5-13

3 训练要求

每周练习 4 次，每次练习 4～6 组，每组练习中保持单杠双臂悬挂姿势的时长为 0.5～2 分钟，组间休息 1～3 分钟。初学者或基础力量较薄弱者可先减少悬挂时间。练习时要选择合适高度的单杠，在跳跃上杠时发力不要过猛，避免发生肌肉损伤。

4 自测要求及评价标准

（1）自测要求

从准备姿势开始计时，至身体任何部位落地，计时结束。

（2）评价标准

对保持单杠双臂悬挂姿势的时长进行评价，错误动作不计时；采用 5 分制评分，得分越高，表示力量越大，力量耐力越好。单杠双臂悬挂单次测试评分表如表 5-4。

表 5-4 单杠双臂悬挂单次测试评分表

单位：秒

得分	第 1 个月		第 2 个月		第 3 个月		第 4 个月	
	男	女	男	女	男	女	男	女
1 分	31～40	15～20	40～60	20～30	60～70	30～40	70～80	50～60
2 分	41～50	21～30	61～70	31～40	71～80	41～50	81～90	61～70
3 分	51～60	31～40	71～80	41～50	81～90	51～60	91～100	71～80
4 分	61～75	41～55	81～90	51～65	91～100	61～80	101～120	81～100
5 分	≥76	≥56	≥91	≥66	≥101	≥81	≥121	≥101

第六章
下肢力量

一、教学理念

下肢力量对于保持人体健康和提高生活质量具有重要作用。增强下肢力量可以增强人体的稳定性，使人体更加稳定地站立和行走；增强下肢力量有助于人体保持平衡，减小跌倒的风险；增强下肢力量可以增加下肢的活力，对于关节的稳定性和骨性结构的保护都有非常重要的作用。烹饪专业的学生在进行专业学习和工作时需要长时间站立，因此下肢力量训练尤为重要。本章根据烹饪职业体能需求，针对烹饪专业学生设计了符合烹饪操作实际需求的下肢力量训练任务，以提升学生的烹饪职业体能。

二、教学目标及重难点

（一）教学目标

1.认知目标：了解下肢肌肉的结构，知道下肢力量训练的方法。

2.技能目标：掌握多种下肢力量训练的方法，并能够根据自身力量水平制订训练计划，进行个性化练习。

3.情感目标：培养坚强的意志品质，树立职业理想，厚植爱国情怀。

（二）重点

1.了解下肢肌肉的发力特点。

2.掌握下肢力量训练的方法。

（三）难点

能够根据自身力量水平制订合理的训练计划。

三、训练任务设计思路

训练任务设计思路，如图6-1。

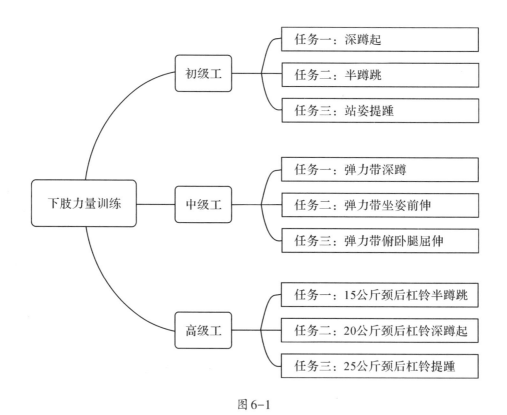

图6-1

第一节 / 初级工训练任务

任务 一 深蹲起

深蹲起主要训练股四头肌、臀大肌及腰部肌肉，是增强腿部、臀部肌肉力量，增加肌肉围度，以及增强核心力量必不可少的练习方法。深蹲起不仅可以增强下肢肌肉力量，还可以改善心脏的功能，提高心脏的适应能力。

1 标准动作要求

准备姿势：两脚平行开立，与肩同宽或略宽于肩，脚尖朝前，两手在胸前折叠握举，上体挺直，两眼平视前方。

动作开始时，臀部逐渐后坐，屈膝下蹲（如图6-2），下蹲时速度稍慢，至大腿与地面平行，然后起立还原至准备姿势，此为1次完整动作。注意：练习过程中，收紧腹部、臀部肌肉，腰背挺直。

图6-2

2 易犯错误

（1）两脚间距过大或过小。

（2）上体弯曲或低头。（如图6-3）

（3）下蹲幅度不够大。

图6-3

3 训练要求

每周练习5次，每次练习2～4组，每组完成深蹲起20～30次，组间休息3～5分钟。深蹲时下蹲幅度要大，至少保证下蹲至大腿平行于地面。每组练习次数可以根据力量水平逐步增加，初学者或基础力量较薄弱者可以先进行深蹲起的辅助练习（如靠墙深蹲或扶凳子深蹲）。

4 自测要求及评价标准

（1）自测要求

从准备姿势开始，下蹲至大腿与地面平行时保持2～3秒的停顿，然后起立还原至准备姿势，计1次。测试中，出现错误动作时，不计数。动作要连贯，动作幅度应保持一致。

（2）评价标准

对独立完成深蹲起标准动作的次数进行评价，错误动作不计数；采用5分制评分，得分越高，表示力量越大，力量耐力越好。深蹲起单次测试评分表如表6-1。

表6-1　深蹲起单次测试评分表

单位：次

得分	第1个月		第2个月		第3个月		第4个月	
	男	女	男	女	男	女	男	女
1分	21～30	15～20	25～35	21～25	31～40	25～30	35～45	31～35
2分	31～35	21～30	36～40	26～35	41～45	31～40	46～50	36～45
3分	36～40	31～35	41～45	36～40	46～50	41～45	51～55	46～50
4分	41～45	36～40	46～50	41～45	51～55	46～50	56～65	51～55
5分	≥46	≥41	≥51	≥46	≥56	≥51	≥66	≥56

任务 二 半蹲跳

半蹲跳是一种常见的下肢力量训练手段，它是深蹲练习的有益补充，主要训练股四头肌和臀大肌。半蹲跳练习不仅可以刺激大腿、小腿的肌肉群，还能增强踝关节、膝关节的承受力，有效增强腿部的爆发力。同时，半蹲跳练习还能够强化核心肌群以及躯干深层肌群，缓解久站引起的"腰酸背痛"。

1 标准动作要求

准备姿势（如图6-4）：两脚自然开立，与肩同宽，全脚掌着地。

动作开始时，屈膝下蹲，臀部后坐至半蹲位（大腿与小腿的夹角约为90°），手臂自然摆动，双腿迅速发力向上跳跃呈腾空状态，然后缓冲落地还原至准备姿势，此为1次完整动作。注意：落地时前脚掌先着地然后迅速过渡到全脚掌，有缓冲动作；下蹲时吸气，起跳时呼气，腿部前侧肌肉、臀部肌肉有收缩发力的紧张感觉。

图6-4

2 易犯错误

（1）下蹲的幅度不够，跳起时发力不均匀。

（2）上体弯曲或低头。（如图6-5）

（3）练习时，呼吸节奏与动作节奏不一致。

图6-5

3 训练要求

每周练习5次，每次练习2～4组，每组完成半蹲跳动作15～20次，组间休息3～5分钟。练习时下蹲的幅度尽量大，向上跳跃时至少要跳离地面。每组练习次数可以根据力量水平逐步增加，初学者或基础力量较薄弱者可以适当降低练习难度。

4 自测要求及评价

（1）自测要求

从准备姿势开始，屈膝半蹲后双腿迅速发力向上跳跃，呈腾空状态，然后落地缓冲还原至准备姿势，计1次。测试中出现下蹲幅度不足等错误动作时不计数。动作应该连贯，动作幅度应保持一致。

（2）评价标准

对独立完成半蹲跳动作的次数进行评价，错误动作不计数；采用5分制评分，得分越高，表示力量越大，力量耐力越好。半蹲跳单次次数评分表如表6-2。

表6-2　半蹲跳单次测试评分表

单位：次

得分	第1个月		第2个月		第3个月		第4个月	
	男	女	男	女	男	女	男	女
1分	10～15	5～10	16～20	10～15	21～25	16～20	26～30	21～25
2分	16～20	11～15	21～25	16～20	26～30	21～25	31～35	26～30
3分	21～25	16～20	26～30	21～25	31～35	26～30	36～40	31～35
4分	26～30	21～25	31～35	26～30	36～40	31～35	41～45	36～40
5分	≥31	≥26	≥36	≥31	≥41	≥36	≥46	≥41

任务 三 站姿提踵

站姿提踵（即在站立姿态下提起脚后跟）是一种腿部力量训练方法，主要训练小腿腓肠肌和比目鱼肌。站姿提踵有双提双落、双提单落、单提单落三种练习方式，这里主要介绍双提双落式提踵。站姿提踵不仅可以训练腓肠肌和比目鱼肌，还能有效刺激踝关节附近的小肌肉群，增强踝关节的稳定性和支撑能力。站姿提踵不需要借助器材，没有场地要求，随时随地都可以练习，而且十分安全。

1 标准动作要求

准备姿势：两脚开立，与肩同宽，脚后跟并拢，上体挺直，目视前方。

动作开始时，小腿发力提起脚后跟（如图6-6），使身体垂直往上，在最高点停顿2秒，然后慢慢放下脚后跟，还原至准备姿势，此为1次完整动作。每次练习后可进行20～30米加速跑，以缓解肌肉紧张。

图6-6

2 易犯错误

（1）两脚间距过大或过小。

（2）塌腰或低头（如图6-7）。

图6-7

3 训练要求

每周练习5次，每次练习2~4组，每组完成站姿提踵30~40次，组间休息3~5分钟。初学者基础力量较薄弱者可适当减少次数每组练习次数或增加组间休息时间。

4 自测要求及评价标准

（1）自测要求

从准备姿势开始，小腿发力，提踵，至所能提起的最高点，然后还原至准备姿势，计1次。测试过程中，如果出现错误动作，则不计数。每一次动作都要连贯，若2次连续动作的间隔时间大于5秒，则终止测试。

（2）评价标准

对独立完成站姿提踵标准动作的次数进行评价，错误动作不计数；采用5分制评分，得分越高，表示力量越大，力量耐力越好。站姿提踵单次测试评分表如表6-3。

表6-3　站姿提踵单次测试评分表

单位：次

得分	第1个月		第2个月		第3个月		第4个月	
	男	女	男	女	男	女	男	女
1分	10~15	5~10	16~20	10~15	21~25	16~20	26~30	21~25
2分	16~20	11~15	21~25	16~20	26~30	21~25	31~35	26~30
3分	21~25	16~20	26~30	21~25	31~35	26~30	36~40	31~35
4分	26~30	21~25	31~35	26~30	36~40	31~35	41~45	36~40
5分	≥31	≥26	≥36	≥31	≥41	≥36	≥46	≥41

第二节 / 中级工训练任务

任务 一 弹力带深蹲 ∞∞∞∞∞∞∞∞∞∞∞∞∞∞∞∞∞∞∞∞∞∞∞∞∞∞∞∞∞∞∞∞∞∞∞∞

弹力带是日常锻炼常用的运动器材之一，在前面章节中已经提及。弹力带深蹲主要训练下肢肌群，在深蹲过程中，弹力带产生的阻力不断增加，促使肌肉产生更大的力量参与锻炼，可以有效增强下肢力量。

1 标准动作要求

准备姿势：两脚分开，与肩同宽，将弹力带（阻力值为20公斤）固定在大腿处，腰背部挺直，收紧肌肉，双手半握拳举至胸前。

动作开始时，臀部后坐，屈膝下蹲，下蹲至大腿与小腿的夹角约为90°，（如图6-8），两眼平视前方，停顿2～3秒，然后起立还原至准备姿势，此为1次完整动作。注意：要保持一定的呼吸节奏。

图6-8

2 易犯错误

（1）两脚间距过大或过小。

（2）上体弯曲或低头。（如图6-9）

（3）下蹲幅度不够大。

图6-9

3 训练要求

每周练习5次，每次练习2～4组，每组完成弹力带深蹲20～30次，组间休息3～5分钟。下蹲时应保证大腿平行于地面或低于平行位，每组练习次数可以根据力量水平逐步增加，初学者或基础力量较薄弱者可以选用阻力值较小的弹力带。

4 自测要求及评价标准

（1）自测要求

从准备姿势开始，臀部后坐，屈膝下蹲，下蹲至大腿与小腿的夹角约为90°，停顿2～3秒，然后还原至准备姿势，计1次。测试中如果出现下蹲幅度未达到要求等错误动作，则不计数。每一次动作都要连贯，若2次连续动作的间隔时间大于5秒，则终止测试。

（2）评价标准

对独立完成弹力带（阻力值为20公斤）深蹲标准动作的次数进行评价，错误动作不计数；采用5分制评分，得分越高，表示力量越大，训练效果越好。弹力带深蹲单次测试评分表如表6-4。

表6-4 弹力带深蹲单次测试评分表

单位：次

得分	第1个月		第2个月		第3个月		第4个月	
	男	女	男	女	男	女	男	女
1分	1~5	1~2	6~10	3~5	8~13	6~8	10~15	9~12
2分	6~10	3~4	11~15	6~8	14~18	9~12	16~22	13~15
3分	11~15	5~6	16~20	9~12	19~25	13~15	23~28	16~20
4分	16~20	7~10	21~25	13~15	26~30	16~20	29~35	21~25
5分	≥21	≥11	≥26	≥16	≥31	≥21	≥36	≥26

任务 二 弹力带坐姿前伸

弹力带坐姿前伸练习主要训练膝盖周围的肌肉群和大腿肌肉群，通过锻炼膝盖周围的肌肉群来增强膝盖的稳定性，进而有效增强大腿力量和膝关节承压能力。

1 标准动作要求

准备姿势：坐在凳子上，上体挺直，两手自然下垂放于体侧，将弹力带（阻力值为16公斤）一端踩在一只脚底，另一端套在另一只脚上。

动作开始时，套着弹力带的小腿以膝关节为支点向前伸，伸至与大腿处于同一直线上（如图6-10），停顿2秒然后慢慢还原至准备姿势，此为1次完整动作。注意：拉起或放下弹力带的动作应缓慢，避免快起快落引起肌肉与关节损伤。

图6-10

2 易犯错误

（1）上体弯曲或低头。

（2）练习时，呼吸节奏与动作节奏不一致。

（3）前伸时，身体向后倾斜。（如图6-11）

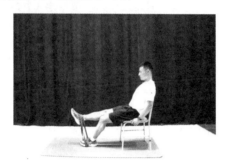

图6-11

3 训练要求

每周练习5次，每次练习2～3组，每组完成弹力带坐姿前伸15～20次，组间休息3～5分钟。初学者或基础力量较薄弱者可以选用助力值较小的弹力带或增加组间休息时间。

4 自测要求及评价标准

（1）自测要求

从准备姿势开始，以膝关节为轴做小腿前伸运动，伸至大小腿处于同一水平面后，停顿2秒，放下小腿，还原至准备姿势，计1次。测试中如果出现前伸不够充分等错误动作，则不计数。动作应该连贯，动作幅度应保持一致。若2次连续动作的间隔时间大于5秒，则终止测试。

（2）评价标准

对独立完成弹力带（阻力值为16公斤）坐姿前伸标准动作的次数进行评价，错误动作不计数；采用5分制评分，完成个数越多说明下肢力量越大，力量耐力越好。弹力带坐姿前伸单次测试评分表如表6-5。

表6-5　弹力带坐姿前伸单次测试评分表

单位：次

得分	第1个月		第2个月		第3个月		第4个月	
	男	女	男	女	男	女	男	女
1分	3～6	1～3	4～10	3～6	5～10	4～10	7～12	5～10
2分	7～11	4～6	11～15	7～11	11～17	11～15	13～19	11～17
3分	12～19	7～11	16～22	12～19	18～24	16～22	20～27	18～24
4分	20～27	12～19	23～30	20～25	25～35	23～30	28～40	25～35
5分	≥28	≥20	≥31	≥26	≥36	≥31	≥41	≥36

任务 三 弹力带俯卧腿屈伸

利用弹力带进行俯卧腿屈伸练习是一种常见的下肢力量训练方法，主要训练大腿后侧肌肉群，如股二头肌、半腱肌和半膜肌等，是深蹲、半蹲跳等腿部大力量练习的有益补充。训练时主要依靠膝关节的屈伸刺激大腿后侧肌群，是单关节动作，能有效提高腘绳肌的灵活性。

1 标准动作要求

准备姿势：屈肘，俯卧于垫子上，双腿并拢，弹力带（阻力值为20公斤）一端固定在物体上，另一端牵引住脚踝。

动作开始时，两脚拉着弹力带慢慢后踢，使脚后跟最大限度靠近臀部，此时大腿和小腿的夹角小于90°（如图6-12），停顿2秒，然后再慢慢放下弹力带，还原至准备姿势，此为1次完整动作。注意：弹力带拉起或放下动作应缓慢，避免快起快落引起肌肉损伤。

图6-12

2 易犯错误

（1）上体抬起过高。（如图6-13）

图6-13

（2）练习时，呼吸节奏与动作节奏不一致。

（3）屈伸速度过快。

（4）后踢幅度未达到要求。

3 训练要求

每周练习5次，每次练习2～3组，每组完成弹力带俯卧腿屈伸15～20次，组间休息2～4分钟。初学者或基础力量较薄弱者可以选用助力值较小的弹力带或增加组间休息时间。

4 自测要求及评价标准

（1）自测要求

从准备姿势开始，两脚拉着弹力带后踢，至大腿与小腿的夹角小于90°，停顿2秒，然后还原至准备姿势，计1次。测试中，如果出现踢幅度未达到要求等错误动作，则不计数。每一次动作都要连贯，若2次连续动作的间隔时间大于5秒，则终止测试。

（2）评价标准

对独立完成弹力带（阻力值为20公斤）俯卧腿屈伸标准动作的次数进行评价，错误动作不计数；采用5分制评分，得分越高，表示力量越大，力量耐力越好。弹力带俯卧腿屈伸单次测试评分表如表6-6。

表6-6 弹力带俯卧腿屈伸单次测试评分表

单位：次

得分	第1个月		第2个月		第3个月		第4个月	
	男	女	男	女	男	女	男	女
1分	3～6	1～3	4～10	3～6	5～10	4～10	7～12	5～10
2分	7～11	4～6	11～15	7～11	11～17	11～15	13～19	11～17
3分	12～19	7～11	16～22	12～19	18～24	16～22	20～27	18～24
4分	20～27	12～19	23～30	20～25	25～35	23～30	28～40	25～35
5分	≥28	≥20	≥31	≥26	≥36	≥31	≥41	≥36

第三节 / 高级工训练任务

任务 一 15公斤颈后杠铃半蹲跳 ∘∘∘

负重半蹲跳是半蹲起练习的一个高阶训练方式，主要训练股四头肌等腿部前侧肌群，有助于下肢蹬伸发力，可以提升躯干伸展能力、高速伸髋能力、踝关节稳定性，以及股四头肌的离心能力。负重半蹲跳练习对增强腿部肌肉爆发力和肌肉弹性有非常好的效果。

1 标准动作要求

准备姿势：两脚开立，与肩同宽，脚尖外旋45°左右，立腰直背，足跟在臀部下方，双手握紧杠铃杆（负重15公斤），控制好身体重心，上体挺直，目视前方。

动作开始时，缓慢屈膝下蹲（如图6-14），至大腿与小腿的夹角小于90°，下肢快速发力起跳，跳离地面呈腾空状态，然后落地，还原至准备姿势，此为1次完整动作。注意：负重半蹲跳的幅度应量力而行，避免快起快落引起损伤；起跳时用手压住杠铃，落地时，前脚掌先落地，并迅速过渡至全脚掌；练习结束后进行20～30米加速跑，可以缓解肌肉紧张。

图 6-14

2 易犯错误

（1）两脚间距过大或过小。

（2）跳起时，将颈后杠铃抬起（如图6-15）。

图 6-15

3 训练要求

每周练习5次，每次练习2～3组，每组完成15公斤颈后杠铃半蹲跳6～10次，组间休息3～5分钟。跳起时腿部应离开地面呈腾空状态，每组练习完成的半蹲跳次数可以根据力量水平逐步增加，初学者或基础力量较薄弱者可以选用重量较小的杠铃。

4 自测要求及评价标准

（1）自测要求

从准备姿势开始，屈膝下蹲至大腿与小腿的夹角小于90°，下肢快速发力起跳，身体呈腾空状态，然后落地缓冲，还原至准备姿势，计1次。测试中，出现错误动作时，不计数。每一次动作都要连贯，若2次连续动作的间隔时间大于5秒，则终止测试。

（2）评价标准

对独立完成15公斤颈后杠铃半蹲跳标准动作的次数进行评价，错误动作不计数；采用5分制评分，得分越高，表示力量越大，力量耐力越好。15公斤颈后杠铃半蹲跳单次测试评分表如表6-7。

表6-7　15公斤颈后杠铃半蹲跳单次测试评分表

单位：次

得分	第1个月		第2个月		第3个月		第4个月	
	男	女	男	女	男	女	男	女
1分	1～5	1～2	6～10	3～5	8～13	6～8	10～15	9～12
2分	6～10	3～4	11～15	6～8	14～18	9～12	16～22	13～15
3分	11～15	5～6	16～20	9～12	19～25	13～15	23～28	16～20
4分	16～20	7～10	21～25	13～15	26～30	16～20	29～35	21～25
5分	≥21	≥11	≥26	≥16	≥31	≥21	≥36	≥26

任务 二 20公斤颈后杠铃深蹲起

经过初级工阶段的深蹲起等练习和中级工阶段的弹力带深蹲等练习后，学生的下肢力量有所增强，学生对于下肢力量训练的方法也已经有了初步掌握，所以高级工阶段提升了训练项目的技术难度与练习强度，为学生的职业能力向更高层次提升做准备。

1 标准动作要求

准备姿势（如图6-16）：两脚开立，与肩同宽，将杠铃（负重20公斤）放至颈后斜方肌上（双手紧压杠铃以防损伤颈部），上体挺直，目视前方。

动作开始时，扶铃下蹲，速度可以稍慢，下蹲至大腿与小腿的夹角小于90°，停顿2秒，然后起立还原至准备姿势，此为1次完整动作。注意：起立吸气，下蹲呼气；起立时速度稍快，顶肩、立腰；将杠铃放至颈后时要注意安全，可使用杠铃杆保护套。

图6-16

2 易犯错误

（1）两脚间距过大或过小。

（2）上体弯曲或低头。（如图6-17）

（3）下蹲幅度未达到要求。

图6-17

3 训练要求

每周练习5次，每次练习2～3组，每组完成20公斤颈后杠铃深蹲起6～10次，组间休息3～5分钟。初学者或基础力量较薄弱者可以选用重量较小的杠铃。

4 自测要求及评价标准

（1）自测要求

从准备姿势开始，下蹲至大腿与小腿的夹角小于90°，然后起立还原至准备姿势，计1次。测试过程中，若出现下蹲幅度未达标等错误动作，则不计数。每一次动作都要连贯，若2次连续动作的间隔时间大于5秒，则终止测试。

（2）评价标准

对独立完成20公斤颈后杠铃深蹲起标准动作的次数进行评价，错误动作不计数；采用5分制评分，得分越高，表示力量越大，力量耐力越好。20公斤颈后杠铃深蹲起单次测试评分表如表6-8。

表6-8　20公斤颈后杠铃深蹲起单次测试评分表

单位：次

得分	第1个月		第2个月		第3个月		第4个月	
	男	女	男	女	男	女	男	女
1分	1～5	1～2	6～10	3～5	8～13	6～8	10～15	9～12
2分	6～10	3～4	11～15	6～8	14～18	9～12	16～22	13～16
3分	11～15	5～6	16～20	9～11	19～25	13～15	23～28	17～20
4分	16～20	7～10	21～25	12～15	26～30	16～20	29～35	21～25
5分	≥21	≥11	≥26	≥16	≥31	≥21	≥36	≥26

任务 三 25公斤颈后杠铃提踵

25公斤颈后杠铃提踵（如图6-18）的"标准动作要求"与"易犯错误"和本章第一节"初级工训练任务"中任务三"站姿提踵"的相同，此处不再介绍。

图6-18

1 训练要求

每周练习5次，每次练习2～3组，每组完成25公斤颈后杠铃提踵10～20次，组间休息3～5分钟。提踵时脚后跟抬起至最高点，不能塌腰或低头（如图6-19）。每组练习完成提踵动作的次数可以根据力量水平逐步增加，初学者或基础力量较薄弱者可以选用重量较小的杠铃。

图6-19

2 自测要求及评价

（1）自测要求

从准备姿势开始，提踵时应达到能提起的最高点，停顿2秒后，落地还原至准备姿势，计1次。测试时，若出现错误动作，则不计数。每一次动作都要连贯，若2次连续动作的间隔时间大于5秒，则终止测试。

（2）评价标准

对独立完成25公斤颈后杠铃提踵标准动作的次数进行评价，错误动作不计数；采用5分制评分，得分越高，表示力量越大，力量耐力越好。25公斤颈后杠铃提踵单次测试评分表如表6-9。

表6-9　25公斤颈后杠铃提踵单次测试评分表

单位：次

得分	第1个月		第2个月		第3个月		第4个月	
	男	女	男	女	男	女	男	女
1分	1~5	1~2	6~10	3~5	8~13	6~8	10~15	9~12
2分	6~10	3~4	11~15	6~8	14~18	9~12	16~22	13~16
3分	11~15	5~6	16~20	9~12	19~25	13~15	23~28	17~20
4分	16~20	7~10	21~25	13~15	26~30	16~20	29~35	21~25
5分	≥21	≥11	≥26	≥16	≥31	≥21	≥36	≥26

第七章 躯干前部肌群力量

一、教学理念

要想拥有强健的体魄、保持健康，就需要具备良好的身体素质。厨师需要长时间站立切菜、长时间弯腰烹制菜品，强有力的核心力量是其基础。身体核心力量是肌体协同发力的根本，也是对抗重力、保持脊椎正常生理曲线等维持身体健康的重要基础。躯干前部肌群主要包括胸肌、膈肌、腹肌等，本章以学科融合的教学理念为引领，梳理了烹饪专业对躯干前部肌群力量的特殊需求，依据运动训练理论，针对烹饪专业学生设计了躯干前部肌群力量训练任务。

二、教学目标及重难点

（一）教学目标

1.认知目标：了解躯干前部肌群的结构，知道躯干前部肌群力量训练的方法。

2.技能目标：掌握多种躯干前部肌群力量训练的方法，并能够根据自身力量水平制订训练计划，进行个性化练习。

3.情感目标：培养坚强的意志品质，树立职业理想，厚植爱国情怀。

（二）重点

1.了解躯干前部肌群的发力特点。

2.掌握躯干前部肌群力量训练的方法。

（三）难点

能够根据自身力量水平制订合理的训练计划。

三、训练任务设计思路

训练任务设计思路，如图7-1。

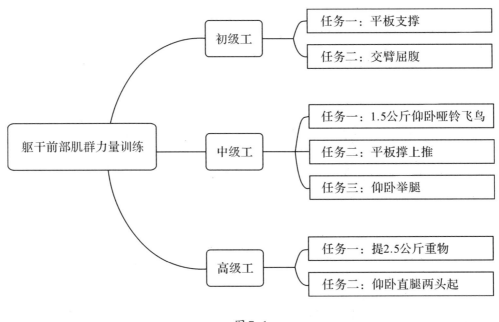

图7-1

第一节 / 初级工训练任务

任务 — 平板支撑 ∷∷∷

平板支撑是一种类似俯卧撑的肌肉力量训练方法，但无须上下撑起运动，主要训练腹横肌、腰腹部、背部肌肉等。平板支撑作为一种不受场地、器材约束的训练方法，适合体育课堂和日常居家锻炼，是训练核心肌群的有效方法，在增强躯干前部肌群力量方面有较好的效果。经常进行平板支撑练习，可以塑造腰部、腹部和臀部的线条，提升全身的肌肉力量水平，为后续其他肌群力量训练打下基础。

1 标准动作要求

准备姿势（如图7-2）：俯卧，双臂肘关节弯曲，支撑于地面，肩膀与肘关节的连线垂直于地面，双脚脚尖撑地，身体挺直，保持从头到脚在同一直线上，收紧腹肌，眼看地面，保持一定的呼吸节奏。

动作开始时，全身肌肉协同发力，尽最大努力保持平板状支撑姿势，保持时间越长表示力量耐力越好。初学者或基础力量较薄弱者可以采用循序渐进的方式进行训练，如可以先采用手高脚低的体位进行初步练习；力量水平较高者可以在练习中增加平板支撑难度，如可以采用脚高手低的体位进行练习或者在练习中悬空提起一条腿或一只手臂。

图 7-2

2 易犯错误

（1）腰部下沉（如图7-3），身体从头到脚未在同一直线上。

（2）过度抬头（如图7-4）。

图 7-3

图 7-4

3 训练要求

每周练习4次，每次练习2～4组，每组平板支撑练习中保持平板支撑姿势的时长为1～2分钟，组间休息1～3分钟。可以根据力量水平逐步增加支撑时长，初学者或基础力量较薄弱者可以适当缩短支撑时长或者增加休息时间。

4 自测要求及评价标准

（1）自测要求

从身体呈平板支撑状态开始计时，记录保持平板支撑姿势的时长。测试过程中，若出现腰部下沉等错误动作，则不计入时长。除前臂和脚以外的其他身体部位一旦接触地面，则终止测试。

（2）评价标准

对保持平板支撑姿势的时长进行评价，错误动作不计时；采用5分制评分，得分越高，表示力量耐力越好。平板支撑单次测试评分表如表7-1。

表7-1　平板支撑单次测试评分表

单位：秒

得分	第1个月		第2个月		第3个月		第4个月	
	男	女	男	女	男	女	男	女
1分	21～30	11～20	30～40	21～30	40～50	30～40	50～60	40～50
2分	31～40	21～30	41～50	31～40	51～60	41～50	61～80	51～70
3分	41～50	31～40	51～60	41～50	61～80	51～60	81～100	71～90
4分	51～59	41～49	61～79	51～69	81～99	61～79	101～119	91～109
5分	≥60	≥50	≥80	≥70	≥100	≥80	≥120	≥110

任务 二 交臂屈腹

交臂屈腹是一种常见的卷腹手段，主要训练腰腹肌肉群，交臂屈腹也能够起到刺激背部肌肉的作用。交臂屈腹对场地要求低，动作简单易学，且训练效果显著，是提升躯干前部肌群力量，特别是腹直肌力量的练习方法之一。经常进行交臂屈腹练习可以提升腰腹部核心肌群力量，为烹饪专业学生后续长时间的烹饪实训操作打下坚实的核心力量基础。此外，交臂屈腹还有助于减掉腹部多余脂肪，塑造腰腹部线条。

1 标准动作要求

准备姿势（如图7-5）：身体仰卧平躺于垫子上，手臂交叉放于胸前，双膝弯曲，双脚并拢平放于地面，头和肩膀稍稍抬离地面，肌肉预收缩做好发力准备。

动作开始时，腹部肌肉收缩发力，抬起躯干上半部（如图7-6），腰臀部继续着地，稍作停顿后伸展腹部肌肉，使上体还原至准备姿势，放松腹部肌肉，此为1次完整动作。注意：腹部肌肉收缩发力时呼气，还原成仰卧姿势时吸气；要保持一定的呼吸节奏，这有助于延长交臂屈腹的练习时长。

图7-5

图7-6

2 易犯错误

（1）还原为准备姿势时，肩膀和头部过于放松，未保持上抬姿势，甚至直接接触地面。（如图7-7）

图7-7

（2）上体抬起过高。（如图7-8）

图7-8

3 训练要求

每周练习5次，每次练习2～4组，每组完成交臂屈腹20～30次，组间休息2～3分钟。每组练习次数可以根据个体力量水平进行适当调整。初学者或基础力量较薄弱者可以先进行直臂屈腹练习。

4 自测要求及评价标准

（1）自测要求

从准备姿势开始1分钟计时，腹部肌肉收缩发力，抬起躯干上半部，稍作停顿后还原至准备姿势（肩膀与头部不着地），计1次。反复练习，1分钟时间到即结束测试。测试时，若出现错误动作，则不计数。每一次动作都要连贯，如果2次连续动作的间隔时间大于3秒，则终止测试。

（2）评价标准

对1分钟内独立完成交臂屈腹标准动作的次数进行评价，错误动作不计数；采用5分制评分，得分越高，表示力量越大，力量耐力越好。1分钟交臂屈腹单次测试评分表如表7-2。

表7-2　1分钟交臂屈腹单次测试评分表

单位：次

得分	第1个月		第2个月		第3个月		第4个月	
	男	女	男	女	男	女	男	女
1分	10～15	5～10	16～20	10～15	21～25	16～20	26～30	21～25
2分	16～20	11～15	21～25	16～20	26～30	21～25	31～35	26～30
3分	21～25	16～20	26～30	21～25	31～35	26～30	36～40	31～35
4分	26～30	21～25	31～35	26～30	36～40	31～35	41～45	36～40
5分	≥31	≥26	≥36	≥31	≥41	≥36	≥46	≥41

第二节 / 中级工训练任务

任务 一 1.5公斤仰卧哑铃飞鸟

仰卧哑铃飞鸟是训练胸大肌的孤立动作，对胸大肌的厚度和线条有着非常显著的训练效果，是训练胸肌外侧肌肉力量的主要方法。强壮的胸肌不仅可以保护内脏，增加肺活量，还可以提升核心力量水平，为更好地完成各类高强度的烹饪操作打下坚实的力量基础。

1 标准动作要求

准备姿势（如图7-9）：身体放松，平躺在凳子上，双脚平稳地踩在地面上，保证肩部能自由活动，手持哑铃向上举起，双臂肘关节保持略微弯曲。

动作开始时，两臂张开平稳扩胸至哑铃与肩同高（如图7-10），稍作停顿，然后在呼气的同时推举哑铃向上画一个圆弧，收缩胸肌，内收肩膀，还原至双臂在胸前举起的准备姿势，此为1次完整动作。注意：两臂张开时吸气，两臂推举、回收还原时呼气；练习初期负重不宜过大。

图 7-9   图 7-10

2 易犯错误

（1）左右臂动作不一致（如图7-11）。

图 7-11

（2）手臂完全伸直（如图7-12）。

图 7-12

3 训练要求

每周练习3次，每次练习2～4组，每组完成1.5公斤仰卧哑铃飞鸟5～20次，组间休息2～3分钟。初学者或基础力量较薄弱者可适当减少每组练习次数或增加休息时间。

4 自测要求及评价标准

（1）自测要求

从准备姿势开始，手持1.5公斤哑铃，手臂张开扩胸至哑铃与肩同高，推举哑铃向上画一个圆弧，然后还原至准备姿势，计1次。测试过程中，若出现左右臂动作不一致等错误动作，则不计数。每一次动作都要连贯，若2次连续动作的间隔时间大于5秒，则终止测试。

（2）评价标准

对独立完成1.5公斤仰卧哑铃飞鸟标准动作的次数进行评价，错误动作不计数；采用5分制评分，得分越高，表示力量越大，力量耐力越好。1.5公斤仰卧哑铃飞鸟单次测试评分表如表7-3。

表7-3　1.5公斤仰卧哑铃飞鸟单次测试评分表

单位：次

得分	第1个月		第2个月		第3个月		第4个月	
性别	男	女	男	女	男	女	男	女
1分	3～6	1～3	4～10	3～6	5～10	4～10	7～12	5～10
2分	7～11	4～6	11～15	7～11	11～17	11～15	13～19	11～17
3分	12～19	7～11	16～22	12～19	18～24	16～22	20～27	18～24
4分	20～27	12～19	23～30	20～27	25～35	23～30	28～40	25～35
5分	≥28	≥20	≥31	≥28	≥36	≥31	≥41	≥36

任务 二 平板撑上推

平板撑上推是在平板支撑基础上进行直臂支撑与屈臂支撑交替变换的练习，能有效提升核心力量水平。平板撑上推主要训练腰腹部肌肉（如腹横肌）、背部肌肉等。经常做平板撑上推练习，有助于塑造腰部、腹部和臀部的线条。

1 标准动作要求

准备姿势（如图7-13）：双臂肘关节弯曲并支撑于垫子上，肩膀与肘关节的连线与地面垂直，双脚脚尖撑地，身体其他部位离开地面，躯干伸直，腹肌收紧，目视地面，呼吸均匀。

动作开始时，一只手撑地（如图7-14），撑起一边身体，直至手臂伸直，另一只手重复同样的动作，至双臂同时直臂支撑（如图7-15），然后还原至双臂屈肘支撑的准备姿势，此为1次完整动作。

图 7-13

图 7-14

图 7-15

2 易犯错误

（1）过度抬臀，身体未保持平直。（如图7-16）

（2）腰部下沉，身体未保持平直。（如图7-17）

图 7-16

图 7-17

3 训练要求

每周练习5次，每次练习2～4组，每组完成平板撑上推20～40次，组间休息2～4分钟。初学者或基础力量较薄弱者可适当减少每组完成平板撑上推的次数或增加休息时间。

4 自测要求及评价标准

（1）自测要求

从准备姿势开始，双臂依次撑起，然后放下还原至准备姿势，计1次。测试过程中，若出现过度抬臀等错误动作，则不计数。每一次动作都要连贯，若2次连续动作的间隔时间大于5秒，则终止测试。

（2）评价标准

对独立完成平板撑上推标准动作的次数进行评价，错误动作不计数；采用5分制评分，得分越高，表示力量越大，力量耐力越好。平板撑上推单次测试评分表如表7-4。

表7-4　平板撑上推单次测试评分表

单位：次

得分	第1个月		第2个月		第3个月		第4个月	
	男	女	男	女	男	女	男	女
1分	10~15	5~10	16~20	10~15	21~25	16~20	26~30	21~25
2分	16~20	11~15	21~25	16~20	26~30	21~25	31~35	26~30
3分	21~25	16~20	26~30	21~25	31~35	26~30	36~40	31~35
4分	26~29	21~24	31~34	26~29	36~39	31~34	41~44	36~39
5分	≥30	≥25	≥35	≥30	≥40	≥35	≥45	≥40

任务 三 仰卧举腿

仰卧举腿是指持仰卧姿势进行举腿的练习，主要训练腹直肌、腰大肌和股四头肌等躯干前部肌群。仰卧举腿练习动作简单，是锻炼核心肌群的有效方法。经常做仰卧举腿练习可以提升腰腹部核心肌群力量。

1 标准动作要求

准备姿势（如图7-18）：身体仰卧平躺于垫子（垫子不宜过软）上，下背部紧贴垫子，两臂放于体侧，两腿并拢，自然伸直，两脚跟稍离地。

动作开始时，躯干和下背部仍紧贴垫子，两腿向上自然举起直至两腿垂直于地面（如图7-19），稍作停顿，然后再将两腿慢慢放下（如图7-20），还原至准备姿势，此为1次完整动作。注意：抬腿时呼气，将腿放下时吸气；在练习过程中两脚跟不接触地面，腹直肌保持紧张状态。

图 7-18

图 7-19

图 7-20

2 易犯错误

（1）背部离地（如图 7-21）。

图 7-21

（2）左右腿未并拢，举腿有先后。（如图 7-22）

图 7-22

3 训练要求

每周练习5次，每次练习3~5组，每组完成仰卧举腿15~25次，组间休息2~4分钟。初学者或基础力量较薄弱者可适当减少每组完成仰卧举腿的次数或增加休息时间，待力量提升后，逐渐提高练习难度。

4 自测要求及评价标准

（1）自测要求

从准备姿势开始，直腿上举至两腿垂直于地面，然后将两腿慢慢放下，还原至准备姿势，计1次。测试过程中，若出现背部离地等错误动作，则不计数。每一次动作都要连贯，若2次连续动作的间隔时间大于5秒，则终止测试。

（2）评价标准

对独立完成仰卧举腿标准动作的次数进行评价，错误动作不计数；采用5分制评分，得分越高，表示力量越大，力量耐力越好。仰卧举腿单次测试评分表如表7-5。

表7-5 仰卧举腿单次测试评分表

单位：次

得分	第1个月		第2个月		第3个月		第4个月	
	男	女	男	女	男	女	男	女
1分	10~15	5~10	16~20	10~15	21~25	16~20	26~30	21~25
2分	16~20	11~15	21~25	16~20	26~30	21~25	31~35	26~30
3分	21~25	16~20	26~30	21~25	31~35	26~30	36~40	31~35
4分	26~30	21~25	31~35	26~30	36~40	31~35	41~45	36~40
5分	≥31	≥26	≥36	≥31	≥41	≥36	≥46	≥41

第三节 / 高级工训练任务

任务 一 提2.5公斤重物 ▫▫▫

弯腰提重物或搬运重物在日常生活和工作中极为常见。厨师在烹饪实际操作过程中经常需要弯腰提取具有一定重量的食材或者搬挪锅碗瓢盆等。如果弯腰提重物的姿势不正确，就容易引起腰部损伤，如腰部肌肉损伤和腰椎间盘突出等。提重物不仅需要手臂部肌肉力量，还需要强有力的核心力量，特别是躯干前部肌群力量。提重物练习主要训练腰腹部、臀部、腿部肌肉，以及斜方肌等肌肉，可以提升身体上、下肢肌肉协调发力能力，也是训练核心肌群的有效方法。

1 标准动作要求

准备姿势（如图7-23）：双脚与肩同宽，双膝微曲下蹲，以髋关节为中心点，臀部后坐，挺直腰背。

动作开始时，降低身体重心，同时目视下方重物处，双臂直臂夹胸提起2.5公斤重物，起立时，腰部挺直，肩膀不晃动，不扭腰，将重物贴近身体直立提起（如图7-24），然后将重物缓慢放下，还原至准备姿势，此为1次完整动作。注意：保持一定的呼吸节奏，提起重物时呼气，放下重物还原至准备姿势时吸气，整套动作要协调连贯。

图 7-23   图 7-24

2 易犯错误

（1）提重物时直膝弯腰。（如图 7-25）

图 7-25

（2）提重物时手臂弯曲，重物远离身体。（如图 7-26）

图 7-26

3 训练要求

　　每周练习5次，每次练习2～4组，每组完成提2.5公斤重物10～20次，组间休息2～4分钟。初学者或基础力量较薄弱者可适当降低练习难度，如减少每组练习次数或增加休息时间等。

4 自测要求及评价标准

（1）自测要求

从准备姿势开始，完成提2.5公斤重物标准动作。测试过程中，若出现提重物时直膝弯腰等错误动作，则不计数。每一次动作都要连贯，若2次连续动作的间隔时间大于5秒，则终止测试。

（2）评价标准

对独立完成提2.5公斤重物标准动作的次数进行评价，错误动作不计数；采用5分制评分，得分越高，表示力量越大，力量耐力越好。提2.5公斤重物单次测试评分表如表7-6。

表7-6　提2.5公斤重物单次测试评分表

单位：次

得分	第1个月		第2个月		第3个月		第4个月	
	男	女	男	女	男	女	男	女
1分	10~15	5~10	16~20	10~15	21~25	16~20	26~30	21~25
2分	16~20	11~15	21~25	16~20	26~30	21~25	31~35	26~30
3分	21~25	16~20	26~30	21~25	31~35	26~30	36~40	31~35
4分	26~29	21~24	31~34	26~29	36~39	31~34	41~44	36~39
5分	≥30	≥25	≥35	≥30	≥40	≥35	≥45	≥40

任务 二 仰卧直腿两头起

仰卧直腿两头起是指人体仰卧于垫子上，上肢与下肢各成"一头"同时向上举起进行练习的一种锻炼方法，主要训练腹直肌整体，臀部及背部肌群。仰卧直腿两头起练习能有效提升腰腹部力量，是锻炼核心肌群的有效方法。在仰卧举腿练习的基础上，提升了练习难度，可以更有效地刺激腹部相关肌肉。

1 标准动作要求

准备姿势（如图7-27）：身体仰卧于垫子（垫子不能过软）上，下背部紧贴垫子，两腿并拢，自然伸直，两脚尽量不触地，双臂向头上方后举伸直。

动作开始时，腹部肌肉群发力，双臂并拢向前伸出，肩部也随之离开地面，同时双腿向上抬起，双手触摸脚背，身体似V字形（如图7-28），然后将双臂、双腿慢慢放下（如图7-29），还原至准备姿势，此为1次完整动作。

图 7-27

图 7-28

图 7-29

2 易犯错误

（1）背部抬起过高，身体重心偏向腿部。（如图 7-30）

图 7-30

（2）手臂与腿部动作不协调。（如图 7-31）

图 7-31

3　训练要求

每周练习5次，每次练习3～5组，每组完成仰卧直腿两头起15～25次，组间休息2～3分钟。初学者或基础力量较薄弱者可以适当降低练习难度，如可以减少每组练习次数或增加组间休息时间等。

4　自测要求及评价标准

（1）自测要求

从准备姿势开始，举臂举腿至最高点后还原至准备姿势，计1次。测试时限为1分钟，时间到即结束测试。测试过程中，若出现手臂与腿部动作不协调等错误动作，则不计数。

（2）评价标准

对1分钟内独立完成仰卧直腿两头起标准动作的次数进行评价，错误动作不计数；采用5分制评分，得分越高，表示力量越大，力量耐力越好。1分钟仰卧直腿两头起单次测试评分表如表7-7。

表7-7　1分钟仰卧直腿两头起单次测试评分表

单位：次

得分	第1个月		第2个月		第3个月		第4个月	
性别	男	女	男	女	男	女	男	女
1分	3～6	1～3	4～10	3～6	5～10	4～10	7～12	5～10
2分	7～11	4～6	11～15	7～11	11～17	11～15	13～19	11～17
3分	12～19	7～11	16～22	12～19	18～24	16～22	20～27	18～24
4分	20～22	12～19	23～28	20～25	25～35	23～30	28～40	25～35
5分	≥23	≥20	≥29	≥26	≥36	≥31	≥41	≥36

第八章
躯干后部肌群力量

一、教学理念

躯干后部肌群主要包括背肌、腰肌，以及椎旁肌群等，可以辅助肌体完成各种功能性活动：斜方肌收缩牵引肩胛骨；背阔肌作为背部浅层肌群的组成部分，对胸腔脏器有重要的保护功能；竖脊肌作为脊柱背侧面最长的骨骼肌，具有支配脊柱活动的功能。烹饪专业的各类工种，如炉头、砧板、上什、烧腊、点心、打荷、水台等，都需要从业人员长时间保持站姿，这对从业人员的躯干后部肌群力量提出更高要求。调查表明，厨师群体中腰肌劳损的发病率明显高于其他职业人群，因此烹饪专业学生应注重躯干后部肌群力量训练，以适应工作需求。本章以跨学科教学理念为引领，根据烹饪专业体能需求，设计了符合烹饪操作实际需求的躯干后部肌群力量训练任务，以提升学生的烹饪职业体能。

二、教学目标及重难点

（一）教学目标

1.认知目标：了解躯干后部肌群的结构，知道躯干后部肌群力量训练的科学原理。

2.技能目标：掌握多种躯干后部肌群力量训练的方法，并能够根据自身力量水平制订训练计划，进行个性化练习。

3.情感目标：培养坚强的意志品质，树立职业理想，厚植爱国情怀。

（二）重点

1.了解躯干后部肌群的发力特点。

2.掌握躯干后部肌群力量训练的方法。

（三）难点

能够根据自身力量水平制订合理的训练计划。

三、训练任务设计思路

训练任务设计思路，如图8-1。

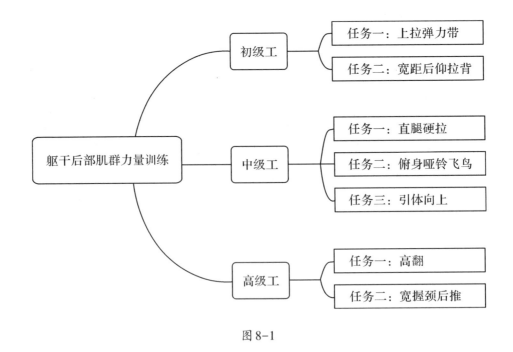

图8-1

第一节 / 初级工训练任务

任务 一 上拉弹力带

上拉弹力带是指利用弹力带的阻力来刺激肌肉的训练方法，主要训练背阔肌。此项练习动作简单、易操作，对器材要求低（只需一根弹力带），不受场地限制。

1 标准动作要求

准备姿势：身体直立，双脚并拢踩住弹力带（阻力值为男子20公斤，女子16公斤）一端，双膝微屈，双手握住弹力带的另一端，自然垂放于体前，上臂紧贴身体，上体稍前倾，塌腰。

动作开始时，双手拉住弹力带向上提拉至胸口附近（如图8-2），然后再缓慢放下还原至准备姿势，此为1次完整动作。

图8-2

2 易犯错误

（1）向上拉弹力带时肘关节外展（如图8-3）。

（2）放下弹力带的速度过快。

图8-3

3 训练要求

每周练习5次，每次练习2～4组，每组完成上拉弹力带25～35次，组间休息4～6分钟。初学者或基础力量较薄弱者可以选择阻力值较小的弹力带来降低练习难度。

4 自测要求及评价标准

（1）自测要求

从准备姿势开始，手持弹力带上拉并还原至准备姿势，计1次。测试过程中，若出现错误动作，则不计数。每一次动作都要连贯，若2次连续动作的间隔时间大于5秒，则终止测试。

（2）评价标准

对独立完成上拉弹力带（阻力值为男子20公斤，女子16公斤）标准动作的次数进行评价，错误动作不计数；采用5分制评分，得分越高，表示力量越大，力量耐力越好。上拉弹力带单次测试评分表如表8-1。

表8-1 上拉弹力带单次测试评分表

单位：次

得分	第1个月		第2个月		第3个月		第4个月	
	男	女	男	女	男	女	男	女
1分	10～15	5～10	16～20	10～15	21～25	16～20	26～30	21～25
2分	16～20	11～15	21～25	16～20	26～30	21～25	31～35	26～30
3分	21～25	16～20	26～30	21～25	31～35	26～30	36～40	31～35
4分	26～29	21～24	31～34	26～29	36～39	31～34	41～44	36～39
5分	≥30	≥25	≥35	≥30	≥40	≥35	≥45	≥40

任务 二 宽距后仰拉背 ⊙⊙⊙⊙⊙⊙⊙⊙⊙⊙⊙⊙⊙⊙⊙⊙⊙⊙⊙⊙⊙⊙⊙⊙⊙⊙⊙⊙⊙⊙⊙⊙⊙

宽距后仰拉背是指在低杠上通过对抗自身重力进行练习的一种力量训练方法，主要训练背阔肌。背阔肌是上肢"提拉类"动作的主工作肌，上肢"外甩类"动作的辅助工作肌，上肢"推类"动作的稳定肌，背阔肌力量大小对烹饪专业学生长时间持锅、翻锅等动作技能的学习具有直接影响。宽距后仰拉背特别适合还不能完成完整引体向上练习的学生，通过身体后仰角度的变化调整动作难度，后仰角度越大，难度越大，对肌肉的刺激程度也越大。宽距后仰拉背对于场地、器材的要求不高，动作安全性高，适合课余时间自主练习。

1 标准动作要求

准备姿势（如图8-4）：双脚并拢站立于单杠前（单杠高度低于练习者身高），双手紧握（正握，虎口相对）单杠，两手间距明显大于肩宽，然后身体后仰，双腿前伸至单杠前下方，至身体与地面的夹角约为45°，身体挺直并保持从头到脚在一条直线上，两臂伸直。

动作开始时，双臂同时发力上拉，至下巴过杠，然后再缓慢放下还原至准备姿势，此为1次完整动作。注意：练习过程中要始终保持身体从头到脚在一条直线上。

图8-4

2 易犯错误

（1）臀部下沉（如图8-5）。

（2）手臂未伸直（如图8-6）。

图 8-5

图 8-6

2 训练要求

每周练习5次，每次练习2～4组，每组完成宽距后仰拉背20～30次，组间休息1～2分钟。初学者或基础力量较薄弱者可适当减少每组练习次数或增加休息时间。

4 自测要求及评价标准

（1）自测要求

从准备姿势开始，双臂上拉引体至下巴过杠，再缓慢还原为准备姿势，计1次。测试过程中，若出现手臂未伸直、臀部下沉等错误动作，则不计数。每一次动作都要连贯，若2次连续动作的间隔时间大于5秒，则终止测试。

（2）评价标准

对独立完成宽距后仰拉背标准动作的次数进行评价，错误动作不计数；采用5分制评分，得分越高，表示力量越大，力量耐力越好。宽距后仰拉背单次测试评分表如表8-2。

表8-2　宽距后仰拉背单次测试评分表

单位：次

得分	第1个月		第2个月		第3个月		第4个月	
	男	女	男	女	男	女	男	女
1分	10～15	5～10	16～20	10～15	21～25	16～20	26～30	21～25
2分	16～20	11～15	21～25	16～20	26～30	21～25	31～35	26～30
3分	21～25	16～20	26～30	21～25	31～35	26～30	36～40	31～35
4分	26～30	21～25	31～35	26～30	36～40	31～35	41～45	36～40
5分	≥31	≥26	≥36	≥31	≥41	≥36	≥46	≥41

第二节／中级工训练任务

任务 一 直腿硬拉

直腿硬拉是指以屈、伸髋为主要动作的力量练习方法，主要训练骶棘肌、背阔肌、斜方肌、臀大肌，以及股二头肌、半腱肌、半膜肌、大收肌等。经常进行直腿硬拉练习可以提高学生躯干后部肌群力量，满足长时间直立、弯腰等工作姿态对肌肉牵引力量的要求。

1 标准动作要求

准备姿势：双脚与肩同宽，脚尖微微外展，上体前屈，挺胸，两臂伸直，用宽握距（握距大于肩宽）握住杠铃杆（负重为男子20公斤，女子15公斤）。

动作开始时，伸髋、展体，将杠铃拉起，至躯干呈直立位（如图8-7），然后慢慢放下杠铃，还原至准备姿势，此为1次完整动作。注意：拉起杠铃时塌腰，收紧腰背肌群，使杠铃重心靠近腿部。

图 8-7

2 易犯错误

（1）准备姿势中低头含胸（如图8-8）。

（2）拉起杠铃时，杠铃远离腿部（如图8-9）。

图8-8   图8-9

3 训练要求

每周练习3次，每次练习2～4组，每组完成直腿硬拉10～20次，组间休息2～3分钟。初学者或基础力量较薄弱者可适当减少每组练习次数、增加组间休息时间或减轻杠铃重量。

4 自测要求及评价标准

（1）自测要求

从准备姿势开始，上拉杠铃（负重为男子20公斤，女子15公斤）到躯干直立再还原至准备姿势，计1次。测试时，若出现错误动作，则不计数。每一次动作都要连贯，若2次连续动作的间隔时间大于5秒，则终止测试。

（2）评价标准

对独立完成直腿硬拉标准动作的次数进行评价，错误动作不计数；采用5分制评分，得分越高，表示力量越大，力量耐力越好。直腿硬拉单次测试评分表如表8-3。

表8-3　直腿硬拉单次测试评分表

单位：次

得分	第1个月		第2个月		第3个月		第4个月	
	男	女	男	女	男	女	男	女
1分	3～6	1～3	4～10	3～6	5～10	4～10	7～12	5～10
2分	7～11	4～6	11～15	7～11	11～17	11～15	13～19	11～17
3分	12～19	7～11	16～22	12～19	18～24	16～22	20～27	18～24
4分	20～27	12～19	23～30	20～27	25～35	23～30	28～40	25～35
5分	≥28	≥20	≥31	≥28	≥36	≥31	≥41	≥36

任务 二 俯身哑铃飞鸟

俯身哑铃飞鸟是哑铃飞鸟类练习中的一种较为简单的练习方式，通过改变上体姿态和手臂动作轨迹来训练身体不同部位的肌肉。仰卧哑铃飞鸟（参见第七章第二节任务一）主要训练胸大肌，俯身哑铃飞鸟主要训练背阔肌及腹部肌群，通过提高三角肌后束力量和上背肌群力量来提升躯干后部肌群的整体力量。

1 标准动作要求

准备姿势：双脚自然开立，与肩同宽，俯身，上体前倾（如图8-10），膝盖微屈，双手握哑铃（负重为男子3公斤，女子2公斤），垂放在膝盖前方，拳眼相对。

动作开始时，保持腰背平直，收紧腹部肌肉，集中意念用后背发力，保持双臂微屈姿势慢慢举起哑铃，至上臂达水平位（如图8-11），停顿1~2秒，然后将双臂慢慢放下还原至准备姿势，此为1次完整动作。

图8-10　　　　　　　　　　　　　　　图8-11

2 易犯错误

（1）上体前倾角度太小（如图8-12）或太大。

（2）手臂上抬时上臂未达水平位。

图8-12

3 训练要求

每周练习5次，每次练习3～5组，每组完成俯身哑铃飞鸟10～25次，组间休息4～6分钟，初学者或基础力量较薄弱者可适当减少每组练习次数、增加组间休息时间或减轻哑铃重量。

4 自测要求及评价标准

（1）自测要求

从准备姿势开始，保持双臂微屈姿势向上举起哑铃（男子3公斤，女子2公斤）至上臂达水平位，然后慢慢还原至准备姿势，计1次。反复练习，直至无力抬起手臂，测试结束。测试过程中，若出现上体前倾角度太小或太大，手臂上抬时上臂未达水平位等错误动作，则不计数。每一次动作都要连贯，若2次连续动作的间隔时间大于5秒，则终止测试。

（2）评价标准

对独立完成俯身哑铃飞鸟标准动作的次数进行评价，错误动作不计数；采用5分制评分，得分越高，表示力量越大，力量耐力越好。俯身哑铃飞鸟单次测试评分表如表8-4。

表8-4 俯身哑铃飞鸟单次测试评分表

单位：次

得分	第1个月		第2个月		第3个月		第4个月	
	男	女	男	女	男	女	男	女
1分	1～5	1～2	6～10	3～5	8～13	6～8	10～15	9～12
2分	6～10	3～4	11～15	6～8	14～18	9～12	16～22	13～15
3分	11～15	5～6	16～20	9～12	19～25	13～15	23～28	16～20
4分	16～20	7～10	21～25	13～15	26～30	16～20	29～35	21～25
5分	≥21	≥11	≥26	≥16	≥31	≥21	≥36	≥26

任务 三 引体向上

引体向上是指依靠自身力量克服自身体重向上做功的垂吊练习，主要训练背阔肌和肱二头肌，对肩胛骨周围许多前肌肉群及前臂肌群也有一定的训练效果。背阔肌是全身最大的阔肌，是重要的运动肌，可使肱骨伸展、内旋和内收，辅助人体完成搬、抬、扛、抱等动作，符合烹饪专业体能需求。引体向上对场地和器材的要求较低，是一种安全、高效、简便的训练方法。

1 标准动作要求

准备姿势（如图8-13）：跳起，双手正握单杠，双手间距稍宽于肩，保持身体稳定，屈膝，双脚交叉置于身后。

动作开始时，直臂上拉引体，至下巴超过横杠，然后慢慢伸直手臂还原至准备姿势，此为1次完整动作。

图8-13

2 易犯错误

（1）反手握杠（如图8-14）。

（2）身体不稳定，脚部向前晃动（如图8-15）。

图8-14

图8-15

3 训练要求

每周练习3次，每次练习3组（第一组10次，第二组8次，第三组6次），组间休息4～6分钟。初学者或基础力量较薄弱者可以适当降低练习难度，如借助弹力带练习、减少每组练习次数或增加组间休息时间。

4 自测要求及评价标准

（1）自测要求

从准备姿势开始，直臂上拉引体，至下巴超过横杠，然后慢慢还原至准备姿势，计1次。测试过程中，若出现反手握杠等错误动作，则不计数。每一次动作都要连贯，若2次连续动作的间隔时间大于5秒，则终止测试。

（2）评价标准

对独立完成引体向上标准动作的次数进行评价，错误动作不计数；采用5分制评分，得分越高，表示力量越大，力量耐力越好。引体向上单次测试评分表如表8-5。

表8-5　引体向上单次测试评分表

单位：次

得分	第1个月		第2个月		第3个月		第4个月	
	男	女	男	女	男	女	男	女
1分	1～2	1	3～5	2	4～6	3	5～7	4
2分	3～5	2	6～8	3	7～9	4	8～10	5
3分	6～8	3～4	9～11	4～5	10～13	5～6	11～14	6～7
4分	9～12	5～6	12～13	6～7	14～16	7～8	15～19	8～9
5分	≥13	≥7	≥14	≥8	≥17	≥9	≥20	≥10

第三节 / 高级工训练任务

任务 一 高翻 ◌◌

高翻作为复合性训练动作是训练全身爆发力的经典动作，主要训练背部肌群、腿部肌群、腹部肌群。高翻动作看似简单，却包含诸多环节，分别是准备姿势、提铃、引膝、伸髋发力、耸肩顺势提肘、出肘、接杠等，各个环节紧紧相扣。因此进行高翻练习不仅可以增强身体的爆发力，还可以提高身体的协调性和柔韧性。学生完成前面各项训练任务后，已具备一定的背部、腿部和腹部肌肉力量，可以尝试进行高翻练习。

1 标准动作要求

准备姿势：两脚开立，与肩同宽，双手正握杠铃（负重为男子25公斤，女子15公斤），握距稍宽于肩，挺胸塌腰。

动作开始时，保持后背挺直，抬头向前，从地面拉起杠铃到膝盖附近，然后开始发力，爆发性地向上提拉杠铃至胸部后，迅速翻转前臂，同时屈髋、屈膝，降低重心，将杠铃架起至与肩同高（如图8-16），最后缓慢还原至准备姿势，此为1次完整动作。

图 8-16

2 易犯错误

（1）杠铃刚过膝（如图8-17）就上提。

（2）发力过程中脚随意向前移动。

图 8-17

3 训练要求

每周练习3次，每次练习2～4组，每组完成高翻20～30次，组间休息3～5分钟。初学者或基础力量较薄弱者可适当减轻杠铃重量，减少每组练习次数或增加组间休息时间。

4 自测要求及评价标准

（1）自测要求

从准备姿势开始，完成提拉杠铃（负重为男子25公斤，女子15公斤）等动作，最后还原至准备姿势，计1次。测试过程中，若出现发力时脚向前移动等错误动作，则不计数。每一次动作都要连贯，若2次连续动作的间隔时间大于5秒，则终止测试。

（2）评价标准

对独立完成高翻标准动作的次数进行评价，错误动作不计数；采用5分制评分，得分越高，表示力量越大，力量耐力越好。高翻单次测试评分表如表8-6。

表8-6　高翻单次测试评分表

单位：次

得分	第1个月		第2个月		第3个月		第4个月	
	男	女	男	女	男	女	男	女
1分	4～7	3～4	6～8	4～6	7～9	5～7	8～11	6～9
2分	8～10	5～7	9～12	7～9	10～15	8～10	12～19	10～13
3分	11～14	8～10	13～18	10～12	16～21	11～14	20～26	14～17
4分	15～17	11～13	19～21	13～15	22～24	15～17	27～29	18～20
5分	≥18	≥14	≥22	≥16	≥25	≥18	≥30	≥21

任务 二 宽握颈后推

宽握颈后推是指借助杠铃等器材完成的以臂部动作为主的一种力量训练方法，可以采用站姿或坐姿练习，主要训练背阔肌、斜方肌、三角肌、前锯肌、肱三头肌等。经常进行宽握颈后推练习，可以有效提高三角肌的前、中、后三束肌肉力量水平。

1 标准动作要求

准备姿势：挺胸，目视前方，双手宽握杠铃（负重为男子10公斤，女子5公斤），屈肘置于肩后。

动作开始时，将杠铃沿颈后头枕部向上举，举至手臂伸直（如图8-18），然后缓慢回收杠铃，还原至准备姿势，此为1次完整动作。

图8-18

2 易犯错误

（1）向上举杠铃时低头（如图8-19）。

（2）向上举杠铃时手臂晃动，动作不稳。

图 8-19

3 训练要求

每周练习 3 次，每次练习 2～4 组，每组完成宽握颈后推 25～35 次，组间休息 3～5 分钟。初学者或基础力量较薄弱者可适当减少每组练习次数、增加组间休息时间或减小杠铃重量。

4 自测要求及评价标准

（1）自测要求

从准备姿势开始，向上举杠铃（负重为男子 10 公斤，女子 5 公斤）至手臂伸直，然后还原至准备姿势，计 1 次。反复练习，直至手臂无力完成上举动作，测试结束。测试过程中，若出现向上举杠铃时低头等错误动作，则不计数。每一次动作都要连贯，若 2 次连续动作的间隔时间大于 5 秒，则终止测试。

（2）评价标准

对独立完成宽握颈后推标准动作的次数进行评价，错误动作不计数；采用 5 分制评分，得分越高，表示力量越大，力量耐力越好。宽握颈后推单次测试评分表如表 8-7。

表 8-7　宽握颈后推单次测试评分表

单位：次

得分	第1个月		第2个月		第3个月		第4个月	
	男	女	男	女	男	女	男	女
1分	4～7	3～4	6～8	4～6	7～9	5～7	8～11	6～9
2分	8～10	5～7	9～12	7～9	10～15	8～10	12～19	10～13
3分	11～14	8～10	13～18	10～12	16～21	11～14	20～26	14～17
4分	15～17	11～13	19～21	13～15	22～24	15～17	27～29	18～20
5分	≥18	≥14	≥22	≥16	≥25	≥18	≥30	≥21

第九章
烹饪职业病防范

　　职业病，是指企业、事业单位和个体经济组织等用人单位的劳动者在职业活动中，因接触粉尘、放射性物质和其他有毒有害物质、物理因素等而引起的疾病。在生产劳动中，长期强迫体位操作、局部组织器官持续受压等，均可引起职业病，一般将这类职业病称为广义的职业病。从事任何职业都有患上职业病的风险，严重的甚至会危害身体健康。厨师是一个特殊的职业，工作姿态多为站姿弯腰强迫体位，容易引起腰部肌肉的劳损，以及骨骼系统的疾病（如肩袖损伤、颈椎病）。由于工作环境温度高、油烟多、噪声大、潮湿闷热，长期在厨房工作的厨师群体容易患上消化系统、呼吸系统的疾病。本章根据职业病理论知识，结合厨师职业病的特点，介绍了通过体育锻炼进行预防和康复的方法，以期提高烹饪专业学生的日常学习效率，降低厨师职业病的发病率。

第一节 / 消化系统及呼吸系统疾病

一、消化系统疾病

（一）诱因

1.不规律的饮食习惯：厨师由于工作时间长、工作压力大，往往无法按时就餐，导致胃部长期处于饥饿状态。这种不规律的饮食习惯容易导致胃炎、胃溃疡等疾病。

2.工作强度大和心理压力大：厨师通常需要长时间站立，工作强度很大，经常处于高度紧张的状态，这容易引发胃部痉挛和疼痛。

3.油烟污染：厨师在烹饪过程中长时间暴露于油烟和高温环境中，其呼吸系统和消化系统易受到刺激和损伤。油烟中的有害物质可能会对胃肠道产生不良影响。

（二）预防建议

1.尽量保持规律的饮食习惯，避免过度饥饿（工作中可以自备一些零食）或暴饮暴食。

2.工作中保持正确的姿势，避免长时间站立和过度劳累。

3.关注心理健康，学会合理安排工作和生活，减轻心理压力对消化系统的不良影响。

4.保持室内通风良好，减少油烟对呼吸系统和消化系统的刺激。

5.定期进行体检，及时发现和治疗消化系统疾病。

二、呼吸系统疾病

（一）诱因

1.在烹饪（如煎、炒、炸）过程中，常常会产生大量油烟，这些油烟中含有很多有害物质，如多环芳烃、脂肪酸等。长期吸入这些物质可能会对呼吸道产生刺激，引发各种呼吸系统疾病，如哮喘、支气管炎等。

2.厨房环境较为密闭，常常通风不畅，烹饪过程中厨房环境温度较高，厨师长时间在高温环境下工作，容易出汗和脱水，导致呼吸系统失水，从而增加引发呼吸系统疾病的风险。

（二）预防建议

1.在煎、炒、炸等烹饪过程中，应该开启抽油烟机、佩戴防油烟口罩等，以减少吸入油烟等有害物质。

2.在烹饪过程中使用品质好的油并控制好油温，以减少油烟的产生。

3.厨房应保持通风良好，尽可能打开窗户和排气扇，以便将油烟排出，减少油烟等有害物质的聚集。

4.合理安排工作时间，加强体育锻炼，多到户外呼吸新鲜空气。

5.定期进行体检，以便及时发现和治疗呼吸系统疾病。

第二节 / 腰肌劳损

一、腰肌劳损的概念

腰肌劳损通常是由外力牵拉或者腰部扭伤引起的腰背部肌肉的急性、慢性无菌性炎症，也可能是由长期姿势不正确、久坐、久站、弯腰搬重物或者腰部长时间劳累引起的腰背部肌筋膜的慢性无菌性炎症。厨师工作时需要长时间站立、频繁弯腰、举起手臂和转动手腕等，这些都可能对腰部造成压力，进而导致腰肌劳损。

二、诱因

1.长时间站立：厨师在烹饪过程中需要长时间站立，并且要保持腰部的固定姿势，这容易导致腰肌劳损。

2.重复性劳动：厨师需要反复进行同样的操作，如切菜、炒菜等，这可能导致腰部肌肉的疲劳和损伤。

3.搬运重物：厨师需要经常搬运食材和工具，这些重物对腰部肌肉产生较大的压力，容易导致腰肌劳损。

三、自我诊断方法

1.久坐、久站或弯腰时腰部疼痛，弯腰搬起重物时，疼痛加重。

2.工作劳累时腰部疼痛加重，休息后减轻；适当活动或者改变体位时疼痛减轻，活动过度时疼痛又加重。

3.不能长时间保持弯腰姿势工作，常被迫伸腰或用拳头击打腰部，以缓解疼痛。

四、预防和康复锻炼方法

（一）泡沫轴放松

1 标准动作要求

准备姿势：身体呈仰卧姿势，将泡沫轴放于身体后侧，双腿屈膝，双脚支撑身体，双臂屈肘，双手轻扶于头两侧，下背部压于泡沫轴上，收紧肌肉。

动作开始时，髋部略微抬起，身体前后移动使泡沫轴在下背部滚动（如图9-1），泡沫轴来回滚动1次为1次完整动作。每次练习8～10次。注意：练习过程中，不要耸肩，滚动幅度不宜过大，遇到痛点可适当停顿。

图9-1

2 易犯错误

（1）滚动速度过快。
（2）身体没有完全放松。

3 练习作用

进行泡沫轴放松练习可以放松整个腰部，促进腰部血液循环，使肌肉得到充分的营养和氧气供应。出现腰肌劳损时，腰部肌肉会处于紧张和僵硬的状态，进行泡沫轴放松练习可以有效地缓解这种不适感。

（二）仰卧抱膝

1 标准动作要求

准备姿势：身体仰卧，双腿屈膝，两脚并拢，腰背放松，手臂自然伸直置于体侧，掌心朝下。

动作开始时，屈膝举腿至腹部正上方，大小腿尽力折叠，脚尖微勾，双手十指交叉环抱于膝关节正下方（如图9-2），均匀呼吸，拉伸背部和臀部肌肉，然后还原至准备姿势，此为1次完整动作。每次练习15～20次。注意：练习时，大小腿要尽力折叠，两手臂发力要均匀。

图9-2

2 易犯错误

（1）双手没有交叉，分别扣在两膝盖外侧。
（2）颈部向上抬起或者过度后仰。

3 练习作用

仰卧抱膝练习通过拉伸脊椎和腰部肌肉，可以有效地缓解腰背部的疼痛和不适感。同时，仰卧抱膝还可以放松髋关节部位的肌肉，增强髋关节的灵活性，加快骨盆区域的血液循环，从而缓解髋关节部位的僵硬感和酸胀感。

（三）鸟狗式

1 标准动作要求

准备姿势：双手双膝均接触地面，呈跪地姿态，大腿垂直于地面，膝盖在臀部正下方，手臂垂直于地面，双手在肩膀正下方。

　　动作开始时，收紧腹部使脊柱中立，收紧肩胛骨让颈部自然向前延伸，同时抬起左手（右手）和右腿（左腿）至手臂、腿部平行于地面，面部始终朝向地面（如图9-3），保持1～2秒，还原至准备姿势，然后换另一侧做同样的动作，此为1次完整动作。每次练习10～15次。注意：练习时不要抬头，肩和髋运动时，脊柱固定不动，练习动作要缓慢。

图9-3

2 易犯错误

（1）过度注重抬腿，抬腿过高。

（2）脚落地过程中有"扫地"动作。

3 练习作用

　　进行鸟狗式练习可以使脊柱免受高压负荷伤害，保证肌肉活动的稳定模式，对预防腰肌劳损有积极作用。进行鸟狗式练习能刺激腰部多个肌肉群，有助于恢复肌肉的正常活动模式，缓解肌肉疲劳。此外，进行鸟狗式练习还可以提升人体髋关节、肩关节的灵活度。

第三节／肩袖损伤

一、肩袖损伤的概念

肩袖损伤是指肩关节周围的肌腱在运动过程中发生的损伤。肩袖主要由冈上肌、冈下肌、小圆肌和肩胛下肌的肌腱组成，这4条肌腱围绕着肩关节的肱骨头，形成像"袖套"一样的结构，被形象地称为肩袖。肩袖起到稳定和协助肩关节运动的作用，可以帮助肩关节进行抬举等运动。当组成肩袖的4条肌腱中的任何一条受到损伤时，即为肩袖损伤。

二、诱因

1.长时间维持同一姿势：厨师在烹饪过程中需要长时间站立、弯腰，手持重物（如锅碗瓢盆）等，容易造成肩袖损伤。

2.重复性动作：厨师在日常工作中需要频繁地挥动刀具、翻炒菜品，这些重复性动作会对肩部造成压力，增加肩袖损伤的风险。

3.高强度工作：厨师的高强度工作（如切菜、炒菜）会使肩部肌肉和韧带长时间处于紧张状态，容易造成肩袖损伤。

4.缺乏运动或锻炼：厨师由于工作繁忙，往往缺乏运动或锻炼，导致肩部肌肉不够发达，不能有效地支撑肩袖组织，容易造成肩袖损伤。

5.出现退行性病变：随着年龄的增长，肩袖组织可能会出现退行性病变，变得更为脆弱，容易受到损伤。

三、自我诊断方法

上臂上举外展时，手臂与身体的夹角小于60°时没有疼痛感，夹角在60°～120°范围内出现疼痛感，超过120°则疼痛感消失；若再将上臂从原路放下，在120°～60°之间疼痛感又出现，小于60°时疼痛感消失。这种情况可能就是肩袖损伤的表现。

四、预防和康复锻炼方法

（一）钟摆运动

1　标准动作要求

准备姿势：身体自然站立，上体略前倾，患侧手持一瓶矿泉水，保持放松、自然下垂。（注：健侧手可扶桌子等固定物）

动作开始时，保持躯干不动，患肢持矿泉水瓶以肩为支点，缓慢匀速地向前后方向，如钟摆样摆动（如图9-4），来回摆动1次为1次完整动作。每次练习30～50次。

图9-4

2　易犯错误

（1）摆动速度过快或不均匀。
（2）摆动过程中肘关节弯曲。

3　练习作用

进行肩部钟摆练习可以促进肩部血液循环，有效缓解肩关节的疼痛，改善肩部活动受限情况，还可以有效地锻炼肩关节部位的肌肉，防止肌肉粘连。

（二）棍棒被动外旋

1 标准动作要求

准备姿势：身体直立，两脚开立，与肩同宽，两臂屈肘90°置于体前，反握棍棒（掌心朝上），前臂平行，患侧腋下夹一块毛巾，两眼平视前方。

动作开始时，健侧手发力，向患侧推动棍棒（如图9-5，图中右侧手臂为患肢），患侧前臂在棍棒带动下慢慢外旋至最大限度，然后慢慢还原至准备姿势，此为1次完整动作。每次练习20～30次。注意：练习过程中，患侧上臂要紧贴躯干，患侧腋下毛巾不得掉落。

图9-5

2 易犯错误

（1）推动棍棒的速度过快或不均匀。
（2）推动棍棒过程中患侧手臂未放松。

3 练习作用

出现肩袖损伤时，患者可能会出现肩部疼痛、僵硬和活动受限等症状。棍棒被动外旋练习可以由康复治疗师或者家人辅助进行，通过外旋动作的练习，可以逐渐松解肩袖周围的粘连组织，缓解疼痛和僵硬的症状。同时，外旋动作还可以增加肩袖周围肌肉的肌力和灵活性，帮助恢复肩袖的正常功能。

（三）对抗肩内旋

1 标准动作要求

准备姿势：将弹力带一端固定，侧对弹力带站立，弹力带固定高度约在胸腹部，患侧手拉住弹力带，屈肘90°。

动作开始时，患侧上臂不动，以肩关节为支点，慢慢内旋前臂至胸腹部（如图9-6），然后再慢慢外旋前臂还原至准备姿势。每次练习15～20次。注意：练习过程中，上臂应该始终紧靠身体，前臂应一直保持与地面平行，不能低头屈膝。

图9-6

2 易犯错误

（1）拉动速度过快或不均匀，导致身体站立不稳。

（2）拉动弹力带过程中前臂与上臂的夹角发生变化。这会导致肱二头肌发力，不能有效地刺激肩胛下肌。

3 练习作用

（1）可以改善肩胛骨内旋失控情况。

（2）通过刺激肩胛骨下肌，增强肌肉力量、耐力等，从而增强肩关节的稳定性，提高肩关节的灵活性。

第十章
烹饪职业保健操

　　烹饪专业的学生每天上课的大部分时间处于站立状态，所以我们特意将这套烹饪职业保健操创编为坐姿形式，并配以轻快明朗的音乐。该套保健操的练习动作简单（只需借助一把椅子），以放松肌肉、拉伸肌腱为主要目的，适合任何时间段练习。整套操包括8部分，即头部运动、拉伸颈部、肩部绕环、拉伸肩部与侧腰、胸部运动、腰部拧转、拉伸臀部、拉伸腿部，可以使身体各个部分得到充分伸展。

一、烹饪职业保健操的内容

（一）第1节：头部运动（4×8拍）

　　第1个8拍：第1～2拍，低头（如图10-1）[①]；第3～4拍，还原；第5～6拍，抬头（如图10-2）；第7～8拍，还原。

　　第2个8拍：第1～2拍，头向右靠肩（如图10-3）；第3～4拍，还原；第5～6拍，头向左靠肩（如图10-4）；第7～8拍，还原。

---

① 注：图10-1至图10-20均为镜面示范动作图片。

第3个8拍：头部向右绕环。

第4个8拍：头部向左绕环。

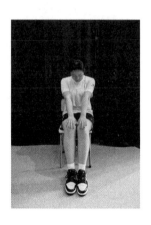

图 10-1

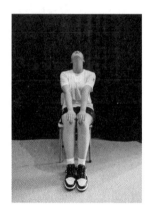

图 10-2

图 10-3

图 10-4

（二）第2节：拉伸颈部（4×8拍）

第1、2个8拍：右手轻扶于头左侧，微微用力，让头部向右侧靠肩，拉伸左侧颈部肌肉。（如图10-5）

第3、4个8拍：左手轻扶于头右侧，微微用力，让头部向左侧靠肩，拉伸右侧颈部肌肉。（如图10-6）

图 10-5

图 10-6

（三）第 3 节：肩部绕环（4×8 拍）

第 1 个 8 拍：第 1 拍，双肩用力向前夹（如图 10-7）；第 2 拍，耸肩（如图 10-8）；第 3 拍，双肩用力向后夹（如图 10-9）；第 4 拍，回到坐立位（如图 10-10）。第 1~4 拍的动作要连贯，完成肩部向后绕环的完整动作。第 5~8 拍，重复 1 次第 1~4 拍的动作。

第 2 个 8 拍：肩部向前绕环，做 2 次。

第 3、4 个 8 拍：与第 1、2 个 8 拍动作相同。

图 10-7

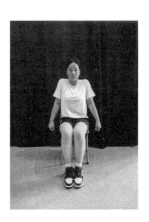

图 10-8

图 10-9

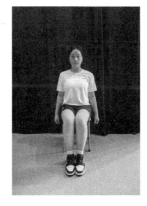

图 10-10

（四）第4节：拉伸肩部与侧腰（4×8拍）

第1、2个8拍：双臂上举，右手拉住左臂肘关节向右侧轻微用力，向右侧弯腰，拉伸肩部与左侧腰部肌肉。（如图10-11）

第3、4个8拍：与第1、2个8拍动作相同，方向相反。（如图10-12）

图 10-11   图 10-12

（五）第5节：胸部运动（4×8拍）

第1、2个8拍，双手抓椅背，同时抬头挺胸，向前用力拉伸胸部和肩部。（如图10-13）

第3、4个8拍，双手交叉翻转，同时低头含胸，向后用力拉伸背部肌肉。（如图10-14）

图 10-13   图 10-14

（六）第6节：腰部拧转（4×8拍）

第1、2个8拍：腰部向右拧转，眼睛看向右侧，两手轻拉右侧椅背。（如图10-15）

第3、4个8拍：与第1、2个8拍动作相同，方向相反。（如图10-16）

图 10-15

图 10-16

（七）第7节：拉伸臀部（4×8拍）

第1、2个8拍：右腿抬起并屈于腹前，两手抱小腿。（如图10-17）

第3、4个8拍：与第1、2个8拍动作相同，方向相反。（如图10-18）

图 10-17

图 10-18

（八）第8节：拉伸腿部（4×8拍）

第1、2个8拍：右腿伸直，勾脚尖，两手拉住脚尖，稍用力拉伸，身体前倾，拉伸腿部后侧肌群。（如图10-19）

第3、4个8拍：与第1、2个8拍动作相同，方向相反。（如图10-20）

图10-19   图10-20

二、烹饪职业保健操完整视频

请扫描下方的二维码，观看烹饪职业保健操完整视频。

参考文献

［1］中华人民共和国教育部.中等职业学校体育与健康课程标准（2020年版）［M］.北京：高等教育出版社，2020.

［2］陈安槐，陈萌生.体育大辞典［M］.上海：上海辞书出版社，2000.

［3］高等教育出版社教材发展研究所.体育与健康［M］.北京：高等教育出版社，2021.

［4］吕玉环，李书玲，王美莲.大学生体育与健康教程［M］.长春：东北师范大学出版社，2011.

［5］王存文.职业体能训练［M］.北京：中国人民公安大学出版社，2013.

［6］胡振浩，张溪，田翔.职业体能训练［M］.北京：高等教育出版社，2008.

［7］张英波.现代体能训练方法［M］.北京：北京体育大学出版社，2006.